MECHANISM DESIGN OF OIL AND GAS
RESOURCES DEVELOPMENT BASED ON

# CONTRACT THEORY

# 基于
# 契约理论
## 的
# 油气资源开发机制研究

王 震 仇鑫华 刘明明 ⊙ 著

U0349465

石油工业出版社

**图书在版编目（CIP）数据**

基于契约理论的油气资源开发机制研究 / 王震，仇
鑫华，刘明明著. —北京：石油工业出版社，2022. 11
ISBN 978-7-5183-5507-5

Ⅰ. ①基… Ⅱ. ①王…②仇…③刘… Ⅲ. ①油气田
开发 Ⅳ. ①TE3

中国版本图书馆CIP数据核字（2022）第137913号

基于契约理论的油气资源开发机制研究
王 震 仇鑫华 刘明明 著

出版发行：石油工业出版社
　　　　　（北京市朝阳区安华里二区 1 号楼 100011）
网　　　址：www.petropub.com
编 辑 部：（010）64523609　　图书营销中心：（010）64523633
经　　销：全国新华书店
印　　刷：北京中石油彩色印刷有限责任公司

2022 年 11 月第 1 版　　2022 年 11 月第 1 次印刷
710 毫米 ×1000 毫米　开本：1/16　印张：14.75
字数：200 千字

定　价：68.00 元
（如发现印装质量问题，我社图书营销中心负责调换）
版权所有，翻印必究

# 前 言

FOREWORD

能源是人类文明进步的重要物质基础和动力，为了人类文明的可持续发展，能源转型大势不可阻挡。碳中和愿景下能源行业发展趋势面临重塑，绿色低碳转型将成为油气行业重要举措。但从未来 20 至 30 年的中长期来看，石油和天然气仍将维持全球主体能源地位，石油在航空、舰船等交通燃料领域和部分化工原料领域的地位难以被替代，天然气发电可以对新能源发电起到有效的调节补充作用。特别是随着全球经济发展和技术水平的提高，世界油气消费量持续增长，非常规和深水油气资源地位越来越重要。即便是大力发展新能源，也离不开对重要矿产资源的依赖，本书讨论的内容仍然适用于矿产资源开采的机制设计。

包括油气在内的矿产资源开发受到资源禀赋的约束，具有高风险性、资本密集型、技术密集性及国际化特征。资源国政府和国际能源公司之间的合作本质上是一个博弈过程，双方的主要目的是实现各自利益最大化。国际石油合同就是资源国政府实施其资源开发战略的具体体现形式。中国自 20 世纪 80 年代初期开始按照国际上通行的国际石油合作模式开启了海洋石油对外合作，随后在 80 年代中期扩大到陆上石油对外合作，并随着国内油气需求高速增长，于 90 年代实施"走出去"战略。随着中国石油对外依存度迅速攀升，加强国内油气资源开发和积极实施"走出去"战略，都需要深刻理解油气资源开发机制设计的底层原理。2017 年中国政府出台的《关于深化石油天然气体制改革的若干意见》进一步指出要开放油气勘查开采市场。但长期以来有关这方面的文献多集中于财税指标的比较分析，缺乏对其机制的系统性研究，特别是对其背后的核心问题，即信息不对称性下的契约设计问题探讨不足。研究国际油气资源合作机制具有重要现实意义和独到学术价值。

不同于国际石油合作始于 20 世纪早期，契约理论相对来说是一个新兴的研究领域，其出现与发展均晚于资源国对石油财税制度的设计与改进，这就使得油气合作机制的理论研究基础明显不足，且油气勘探开发过程复杂，理论与实践的融合也存在诸多困难。直到最近 20 年，随着信息经济学理论的完善和资源国政府对改进石油财税体系更进一步的需求，基于契约理论的石油财税机制研究才逐渐受到重视。

本书以国际油气资源开发合作过程中资源国政府和石油公司间的博弈关系为切入点，基于契约经济学理论，分析油气资源勘探开发过程中的不确定因素及其对资源国政府和石油公司之间博弈的影响，论证石油合作中的委托–代理问题，构建理论模型考量财税体系设计中不确定条件下的激励机制，分析不同机制在不同资源禀赋下的激励效果，探索合同缔约阶段及设计执行阶段的激励机制等。本书第一章探讨了"为什么做这项研究"和"如何做这项研究"两个问题，并对本书的结构进行了说明。第二章和第三章梳理了本研究面向的现实问题和理论基础，探讨了油气资源开发背后的机理问题，论述了与油气资源开发机制研究内容有关的博弈论和契约理论的基本原理，并从契约理论的角度分析了油气资源开发过程中的经济学特征，分析了其中存在的不完全信息、博弈关系以及委托－代理问题。在此基础上，第四章先讨论模型构建的假设前提和变量的设定，并以净现值评价法和储量的对数正态分布特征为基础，推导并建立了面向油气资源开发机制设计的委托－代理模型，研究了模型的求解方法。第五章和第六章基于已构建的模型，开展了产品分成合同的激励机制研究和不同合同模式的激励机制比较分析。第七章论述了石油合作合同的缔约机制，分析了双边竞价、拍卖等不同机制下委托人和代理人的策略，提出不同情景下的最优机制设计。第八章和第九章扩展了契约理论对油气资源开发机制设计的研究，引入期权博弈的思想，分析了灵活性价值对油气资源开发决策的影响，构建了基于期权博弈的委托－代理模型，并分析了灵活性价值对油气资源开发关系的影响。第十章根据以上研究给出了本书的研究结论及对油气资源开发机制设计和实践的展望。

作者在 30 年前就涉足本书的话题，并有幸在 20 世纪 90 年代初参与了陆上石油对外合作标准合同起草和第一轮陆上石油对外合作公开招标的工作。此后，长期跟踪研究我国石油企业"走出去"战略，所开展的一系列研究以论文、著作或研究报告等多种方式展现。有关契约理论在矿产资源开采制度设计的研究源于 1994 年、1996 年、2001 年博弈论和信息经济学领域的诺贝尔经济学奖，作者一直试图将这些理论应用到油气资源开发制度的设计中。此后又有几届诺贝尔经济学奖授予信息经济学领域学者，足以说明这一领域受到的广泛关注以及成果的丰硕。特别是 2016 年奥利弗·哈特和本特·霍姆斯特伦因在契约理论的开创性贡献获得了诺贝尔经济学奖，更加坚定了作者系统研究并出版本书的信心。期间由于作者工作岗位的变化，日常事务的繁忙，相关研究和梳理工作时断时续，但出版本书的愿望一直没有放弃。尽管本书的研究旨在扩展契约理论的应用领域，并希望对政府科学设计矿产资源开采制度、能源公司制定投资策略有参考指导，但限于信息经济学理论的博大精深，作者的认知和水平有限，书中难免有不妥甚至错误的地方，欢迎广大读者批评指正。

王 震

2022 年 8 月

# 目　录

CONTENTS

# 第一章

# 绪　论

## 第一节　研究的起点

### 一、研究背景

以"碳中和"为目标的能源转型过程中，油气资源依然是现阶段全球能源供给的重要来源，天然气将成为转型过程中的重要支撑能源。截至2020年，石油的最终消费量仍然以超过30%的比例在世界能源消费总量中占有最大的比重，而石油和天然气的总消费量则超过了所有能源消费量的50%。在"碳中和"背景下我国天然气产业发展存在机遇：与其他低碳或无碳能源相比，我国天然气大规模稳定供应的基础最为扎实，是替代煤炭、实现"低碳化"最现实的选择；在实现"碳中和"的过程中，天然气在不同阶段都将发挥重要的作用。

开放石油和天然气市场是大力推动油气资源勘探开发、保障我国能源供给安全的重要举措，标志着我国油气体制改革、矿产资源管理改革全面启动。2017年，《关于深化石油天然气体制改革的若干意见》（简称《意见》）出台，这是我国首个油气改革顶层设计方案。《意见》指出，改革既要坚持市场化方向，又要保障能源供给安全，还要实现科学监管、惠民利民、节能环保。2020 年,《自然资源部关于推进矿产资源管理改革若干事项的意见(试行)》发布,指出要开放油气勘查开采市场、实行油气探采合一制度,进一步推动石油天然气体制改革向纵深发展。2020 年的政府工作报告中,明确要保障能源安全,完善石油、天然气、电力产供销体系,这也是近年来我国经济社会发展始终倡导的重要目标。

在学术领域,支撑政策目标落实细化的理论基础仍不充分,学者们仍在不断探索。随着世界石油工业的发展,油气资源开发合作模式日趋稳定,石油财税制度也逐渐形成了几种典型的模式。然而,无论资源国政府还是石油公司,依然持续在石油财税制度的分析和设计方面倾注大量的人力和财力,学者们对于石油财税制度的研究成果也在不断更新,这些都说明目前的研究成果不能完全解决保障资源国利益和规范石油公司行为等问题。自博弈论和机制设计理论形成以来,在解决经济学领域的现实问题方面发挥了重要的作用,这也是其迅速发展的主要动因。油气资源合作开发具有显著的博弈特征,应用契约理论的研究框架分析石油财税制度设计时,提升合作效率、降低交易成本是解决问题的一个思路。

契约理论在油气产业开放方面的理论分析和实践均不足,在油气产业改革中的应用上存在较大突破空间。相对于石油财税制度的设计,契约理论在时间上是一个新兴的研究领域,其出现与发展均晚于资源国对石油财税制度的设计与改进,这使得石油合作机制的理论研究基础不足。且油气行业勘探开发过程复杂,理论与实践的融合也存在困难。直到最近二十年,随着信息经济学理论的完善和资源国政府对改进石油财税体系的需求更进一步,基于契约理论的石油财税机制研究才逐渐受到重视。图 1.1 对理论和实践的发展过程进行了描述。

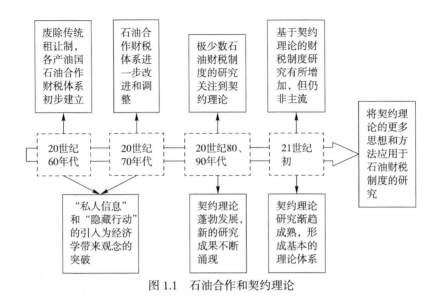

图 1.1　石油合作和契约理论

## 二、研究目的

本书研究目的为基于契约理论探讨推进我国油气资源矿权改革的底层逻辑。以油气资源开发合作过程中资源国政府和石油公司间的博弈关系为切入点，基于契约经济学理论，重新阐述油气资源开发的经济学过程，梳理归纳当前国际石油合作基本框架，分析油气资源勘探开发过程中的不确定因素及其对资源国政府和石油公司之间博弈的影响，论证石油合作背后的委托 – 代理问题，构建理论模型考量石油合作中不确定条件下的激励机制。

应用所构建的委托 – 代理模型分析常用石油合作模式在油气资源勘探开发中的激励效果。考虑油气合作中地质风险高、财税体系复杂等特征，避免简化模型（规范经济学常用方法）导致的研究结果失真，运用数值模拟方法求解所构建的模型，以中国的产品分成合同为例，提出改进激励机制的方法。基于所提出的数值模拟求解方法，比较几种常见石油合同的机

3

制设计,分析不同机制在不同资源禀赋下的激励效果。

结合油气资源勘探开发过程中的委托 – 代理问题,探索在石油合同缔约阶段的机制设计中考量合同执行阶段的激励机制。基于契约理论分析石油合作双方在缔约过程中的博弈本质,论述常见缔约形式的博弈过程分析合约执行过程中的委托 – 代理问题在不同缔约形式下对资源国政府收益的影响,构建模型阐释缔约阶段的机制设计。

## 三、研究意义

本书研究意义是,第一,为资源国政府认识油气资源开发机制中的委托 – 代理问题提供可操作的分析方法,提升油气资源合作效率。在契约理论的框架下,石油合作是一个博弈过程,存在由于事前信息不完全导致的委托 – 代理问题。以往对石油财税制度的设计和修改多从政府收益比等财务指标方面进行分析,为了更大程度的提高政府收益,通常通过对财税条款的调整来实现增加政府收益比的目标。但这些目标的实现都是以既定的勘探开发方案为基础的,而忽略了石油公司在油气勘探开发过程中的灵活决策。以资源国政府利益作为机制设计的出发点,充分考虑激励机制对油气资源勘探开发石油公司决策的影响,才能提高油气开资源发效率,提升合作双方的收益。

第二,为推进我国矿权制度改革提供参考,助力中国油气产业上游发展质量。在当前我国石油天然气产业改革的关键时期,推出切实可行的政策细节是不可回避的"硬仗"。世界石油工业发展百余年来,已经形成了一套基本符合油气资源生产特点的财税体系,各个资源国政府也在与石油公司的油气合作中形成了大量的可供借鉴的石油合同。然而,油气合作是一个长期的过程,油气资源的勘探和生产过程中,存在着诸多不确定性因素,如何在已有框架下推出符合中国油气产业发展需求和国家利益的油气资源开发政策，在理顺石油合作背后的博弈特征和机制机理的基础上才能更好地完成。

第三，推动油气资源开发机制设计的理论研究和实践应用。资源国的资源禀赋、技术难度和资金可获得性各不相同，勘探项目和开发项目的风险亦不相同，对石油合同财税指标的特征研究不能真正揭示石油合同的机制设计问题。本书以所构建的模型为基础，分析了石油合同中财税指标对油气合作机制背后机理的影响。由于涉及的因素较多且很难将资源、技术、资金等影响因素与石油财税体系进行定量的关联，以往的关于三个因素与石油财税体系的关系的研究通常以定性分析为主，本书从参数定义、模型构建、模型求解、比较分析等方面提出了基于契约理论的解决思路。

第四，为石油公司参与油气资源合作和开展油气资源价值评估提供新的理论依据，提升决策的科学性。石油公司的投资决策、油气资源储量的不确定性和财税条款的变化对油气合作项目的价值评估产生显著影响，但是石油公司常用的传统评价方法多以刚性假设为前提，很难系统反映以上因素对项目投资收益的影响。本书在研究激励机制的过程中，以储量不确定为前提，分析了石油公司在博弈中的对策，系统、定量评估了以上几个因素对项目总收益和各参与方收益的影响，为石油公司评价各个因素的协同作用提供了系统的分析测算方法。

## 第二节　研究方法和技术路线

本书以规范经济学方法为主要研究方法，建模、求解并基于模型论证提出研究结论，开展了油气资源开发机制设计的理论和应用研究以及石油合作缔约机制的实践探索。在财税条款分析及不同财税体系比较分析时，运用了实证经济学方法。在对石油合作财税机制本身的梳理过程中运用了演绎归纳的方法。在计算过程中运用了数值分析和数学物理方法。图1.2描述了本书的技术路线图。

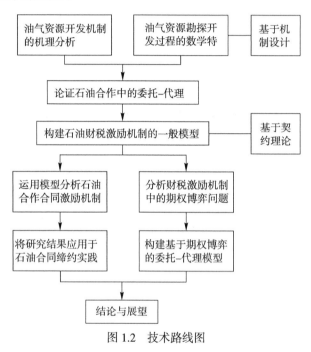

图1.2　技术路线图

# 第三节　本书结构

为了方便读者理解本书内容，第一章绪论部分探讨了"为什么做这项研究"和"如何做这项研究"两个问题，并对本书的结构进行了说明。第二章和第三章是理解本书内容的前提，介绍了研究面向的现实问题和理论基础，探讨了油气资源开发背后的机理问题，论述了与油气资源开发机制研究内容有关的博弈论和契约理论的基本原理，并从契约理论的角度分析了油气资源开发过程中的经济学特征，分析了其中存在的不完全信息、博弈关系以及委托－代理问题。第四章在前面章节论证的基础上，详细论述了建模的假设前提和对变量的设定，以净现值评价法和储量的对数正态分布特征为基础，推导并建立了面向油气资源开发机制设计的委托－代理模型，并探讨了模型的求解方法。第五章和第六章基于已建立的模型，开展了产品分成合同的激励机制研究和不同合同模式的激励机制比较分析。第七章论述了石油合作合同的缔约机制，分析了双边竞价、拍卖等不同机制下委托人和代理人的策略，提出不同情景下的最优机制设计。第八章和第九章扩展了契约理论对油气资源开发机制设计的研究，引入期权博弈的思想，分析了灵活性价值对油气资源开发决策的影响，构建了基于期权博弈的委托－代理模型，并分析了灵活性价值对油气资源开发关系的影响。第十章根据以上研究给出了本书的研究结论及对油气资源开发机制设计和实践的展望。

第章

# 油气资源开发机制的机理分析

　　油气资源开发制度是为保证资源国有秩序地进行石油勘探与生产而制定的有关许可证、税收、矿区使用费以及总的法律文件等一系列政策。产油国油气开发战略的制定，理论上应该是由政府规划并执行的系统过程，目的是保证国家能通过石油资源的开发，达到预期的社会经济效益。

## 第一节　油气资源管理

### 一、油气产业经济特征

#### 1. 高风险高收益

　　油气资源开采从资源普查到实现销售收入，一般要经过普查、发放许可证、先导性试验、勘探、开发、生产、销售等一系列环节，一般要长达30—40年的长周期。多环节、长时间往往会导致意想不到的众多不确定性，从而使投资的回收变得极为不确定，投资风险往往很大，但高风险带来的是可能的高收益。一般而言，一项成功的上游油气勘探发现，会给投资者带来较丰厚的收益。我们很难在 20 世纪找到其他哪个行业能像石油业这样提供广泛的商业机会，带来丰厚的投资报酬，定义严厉的投资风险，并这样紧密地与国家实力和全球政治相联系。

### 2. 国际性

由于石油资源在全球地区分布的不均匀性，生产地与消费地分离，以及在一定时期内其产品的不可替代性，特别是内燃机替代蒸汽机后，石油工业愈加国际化。可以说，世界石油工业在二十世纪的扩展充分体现了现代商业以及市场的开拓、技术的创新、公司战略的演变，乃至民族经济和国际经济的进步。特别是 20 世纪 90 年代以来，科技进步日新月异，经济全球化不断深入，企业竞争从国内市场拓展到全球市场，跨国公司迅速崛起，其规模实力和国际竞争力成为一个国家综合实力的重要标志。随着美国等国家对垄断行业逐步解除管制，推动了西方发达市场国家新一轮巨型企业并购浪潮，埃克森与美孚、BP 与阿莫科、德士古与雪佛龙、道达尔与埃尔夫等跨国公司的强强联合，诞生了一批史无前例的巨无霸企业，大大改变了国际石油市场的版图。

### 3. 规模经济性

石油产业中的石油公司大规模生产可以为企业带来明显的规模经济，使企业的单位生产成本不断下降、市场占有率不断提高。石油资源主要垄断在少数国家手中，石油产品的生产与销售又主要掌握在大的几家跨国石油巨头手中，因此从资源垄断的角度看石油市场表现为典型的寡头垄断特征，而从需求市场的角度看则表现为既有一定的垄断性又有一定的竞争性的垄断竞争特征。相对而言，整个石油纵向链条中，从上游到中下游，集中性和垄断性特征不断下降，竞争性特征逐渐增强。

### 4. 进入与退出壁垒高

石油产业是一个资本高度密集的行业，大型跨国石油公司大都是全球

500强中最靠前的企业，足以说明这一点。石油资产的巨额投入和石油资产的专用性决定了石油产业进入与退出的成本都很高。石油产业进入与退出的高门槛，客观上有利于现有企业更进一步地形成更高程度的垄断，使自由竞争进一步降低。石油产业毫无疑问也是一个技术高度密集的行业，因此，不仅是资本，还有技术，都有助于垄断程度的提高。另外，石油产业的政策性壁垒、资源性壁垒、抵制性壁垒等也都很强。正是资源的战略性、稀缺性和不可再生性、规模经济性、技术高度密集等诸多特性，使得石油产业具有高壁垒性，市场集中程度高。

5. 垄断竞争性的市场结构

美国石油行业发展较早，早期有无数私人企业从事石油开采和炼制，在残酷的自由竞争中，洛克菲勒的标准石油公司通过收购兼并其他公司，逐步占据全美80%左右的生产和市场份额。20世纪初，标准石油公司被判令解体，分拆为10家公司，后发展成为著名的石油"七姐妹"。到20世纪末，通过强强联合，埃克森美孚、BP阿莫科、壳牌、雪佛龙得士古等几个跨国石油巨头，在美国市场占据了绝对支配地位，同时也存在一批中小型石油公司。在欧洲，除了英荷壳牌石油公司之外，欧洲的石油工业主要是二战以后在政府的支持下，以国有公司的形式发展起来的，例如BP、挪威石油公司、法国道达尔石油公司、意大利埃尼集团等。20世纪80年代以来，政府通过法案，使这些已经拥有相当实力的国有石油公司逐步实行私有化。欧洲发达国家石油市场的特点，一是各国一般只有一到两家大型石油公司；二是石油公司私有化后，政府仍然以各种方式保持对其一定程度的控制；三是石油市场比较开放，国际各大石油公司在其中的任何一个国家都有一定的市场份额。

俄罗斯是典型的经济转型国家，又是世界最大的石油生产国之一。苏联解体前石油公司完全由国家投资和管理，苏联解体后石油公司经过彻底私有化，重组为 16 家地区性石油股份公司，国家只对天然气和石油管道两家公司保持控制。普京执政以来，为了重振俄罗斯大国地位，防止石油公司被欧、美石油巨头收购控制，从打击石油寡头尤科斯入手，逐步对石油公司进行整合，提升俄罗斯国有石油公司的实力地位，恢复国家对石油工业的控制力。

发展中产油国，包括欧佩克和非欧佩克产油国，一般只设一个国有或国有控股的石油公司。这些国家石油公司，大都在政府主管部门的领导下，经国家授权对国内石油生产销售实行垄断式专营，有些甚至被赋予政府职能，代表国家进行行业管理，并开展对外投资和合作。

上游天然气产业的特征与石油产业基本上一样，但长期以来受到运输方式的限制，国际间天然气贸易更多的是通过管道运输方式，这极大地制约了其国际贸易规模。跨境管道主要集中在陆路联通的苏联到欧洲地区、北美地区和后来发展起来的中亚地区、俄罗斯、中国。但近年来随着液化技术的不断创新，液化天然气（LNG）得以快速发展，天然气越来越像石油那样，正在成为一个全球性商品。定价机制也在不断变化，北美地区和英国形成了气气竞争的市场化价格机制，与替代商品挂钩的公式法定价也在不断调整以适应供需力量对比的变化，LNG 灵活性不断增强，现货市场占比显著提高，可以预计，随着天然气在能源转型中地位的不断提高，全球化的天然气市场将逐步建立起来。

## 二、国内外油气资源管理制度

### 1. 国外油气资源管理

资源禀赋和发展阶段的不同导致各国政府对油气行业管理目标具有一定的差异性，但总体来说，政府的目标主要聚焦在国家有序地发展油气工

业、获得财政收入、推动本国工业发展和技术进步。通过梳理典型国家油
气资源管理体制，发现处于发展中资源禀赋大的产油国倾向于加强对油气
资源的控制，实施集中管理、政监合一的管理体制，如沙特阿拉伯、委内
瑞拉、墨西哥等产油国，这类国家同时设有国家石油公司；处于发达程度
高又具有比较丰富油气资源的国家大多实施政监分离的管理体制，如美国、
英国、加拿大、挪威、澳大利亚等，这类国家能源安全有保障，市场竞争
充分，通过实施区块招标可以实现油气工业的高效率开发。

2. 中国油气资源管理

中国石油与天然气工业经过 70 年的发展，石油产量从 1949 年的 12.0
万吨增长到 2018 年 1.89 亿吨，增长 1574.9 倍，年均增长 11.3%；天然气
产量从 1949 年的仅仅 0.1 亿立方米增长到 2018 年的 1602.7 亿立方米，增
长 22894.7 倍，年均增长 15.7%，油气年均增速均大大高于同期中国能源生
产年均 7.6% 的增速。资源勘探一直是油气行业的重点，1949 年，中国累
计探明石油地质储量仅有 0.29 亿吨，截至 2018 年年底，全国累计石油探
明地质储量为 398.77 亿吨，增长 1374 倍；1959 年累计天然气探明地质储
量只有 310.93 亿立方米，截至 2018 年底，全国累计天然气探明地质储量为
14.92 万亿立方米，是 1959 年的 480 倍。

中国对油气实施一级矿权管理，从事油气勘查开采的企业必须经中国
国务院批准，矿权主要拥有者为中国石油、中国石化、中国海油和延长石
油。页岩气作为独立矿种于 2012 年就通过招标向社会开放，2015 年 7 月，
在新疆地区首次开展常规油气矿权的招标试点工作。2018 年中国原油总产
量 1.89 亿吨，中国石油占比 53.46%、中国石化占比 18.37%、中国海油占
比 22.20%、延长石油等占比 6%。

针对中国油气资源矿业权流转和退出机制不健全、国内勘查开采投

入和探明可采储量不足以及流通领域竞争性环节竞争不够充分、公平竞争机制不完善等情况，政府出台了《关于深化石油天然气体制改革的若干意见》，这是新一轮油气改革以来最为全面、最为系统的指导性文件，为进一步深化石油天然气体制改革提供了根本遵循。该意见明确了改革的总体思路和主要任务，强调要坚持问题导向和市场化方向，为解决制约我国油气行业发展的深层次矛盾和问题、稳步推动我国油气行业改革、促进油气行业持续健康发展指明了方向和目标。

# 第二节　石油开发策略模式

## 一、影响资源国石油开发策略模式选择的关键要素

1. 资源量

油气资源探明程度及其丰富程度是任何一个国家制定其石油和天然气开发战略的出发点。尽管油气资源是不可再生的，但人们对资源的认识过程是不断深化的，全球油气可采资源量不同时期的评价结果总体上呈上升趋势。特别是非常规油气革命和深海油气技术的商业性突破，极大地丰富了人们对油气资源的认识。国际石油公司在决定任何既定国家中从事勘探投资时，其潜在的或探明的资源规模是一个关键因素。对已经是石油生产国或显示出有可能成为潜在石油生产国的那些国家，其勘探活动就具有特别的重要性。就石油开发战略模型而言，石油资源量必须作为政策形成过程中的一个关键战略因素。如图 2.1 所示。

2. 技术水平

为寻找和开发油气资源，需要运用大量且不同的尖端技术领域，要有

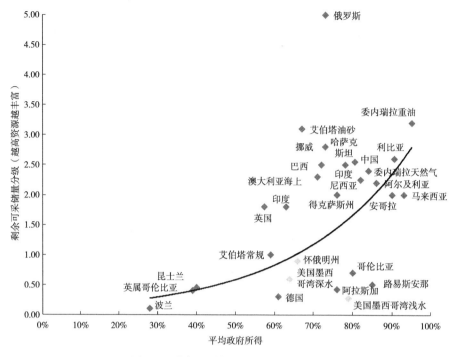

图 2.1　剩余可采储量与平均政府所得

数据来源：IHS CERA

地质学家、地球物理学家和计算机专家对地质和地震勘测进行前景评价，在开发阶段要有与石油有关的范围广泛的工程技术，如果在深海领域和北极地区，还需要更为复杂的海洋工程技术和极地支持技术。一个国家的技术先进程度，在制定石油开发战略时起着重要作用。在开发战略的制定过程中，东道国的技术先进程度，与其资源禀赋和资金来源一样，被认为是关键的战略因素。

3. 资金来源

油气勘探开发项目是典型的资金密集型行业。一般意义上讲，油气开发所需的大量资金可在国际市场融到。但在行业实践中，油气勘探阶段具有极大不确定性和高风险性，勘探费用往往要来自国际石油公司的自有资金，而非金融机构提供。运用自有资金从事勘探活动，尽管一旦发现能让石油公司获得相当可观的收入，但很低的探明成功率也常常让石油公司承担高风险。油气勘探任务的高资本密集性，极大地约束了那些不能获得所需资金来鼓励或从事勘探的国家战略选择。因此，在确立一个可行的石油开发战略上，融资能力是关键的战略因素。

4. 油价

对于资源采掘业来说，价格的重要性无论怎么评价都不为过。油价高的时候，油气勘探和开发活动都很活跃，融资也变得相对容易很多；反之，油气行业会进入一个萧条的阶段。但对于产油国制定油气开发战略来说，石油价格是无法控制的，被认为是一个外生变量。尽管油价不是一个国家制定石油开发战略的关键因素，产油国政府往往可以利用价格的高低来调整其财税政策，进而限制或激励石油公司的投资活动。图2.2描述了2001至2011年间政府的财税政策与油价变化的关系。可以看出，在油价上涨

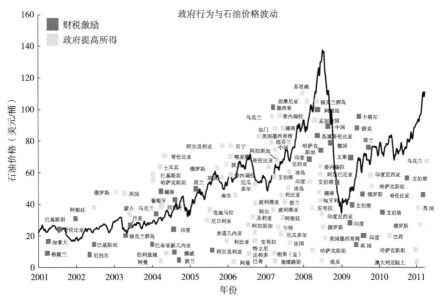

图 2.2　政府财税决策与油价关系

时，政府倾向于提高政府的所得，以调节石油公司的收入，防止本国资源的过度勘探与开发；在油价下跌时，政府则会采取财税激励，鼓励石油公司进行相关勘探、开发活动。石油价格的变化影响了资源国石油合同的苛刻程度，但从石油开发战略的制定来看，很难看出各国如何将与油价有关的因素具体化，并以此进行石油合同模式的选择。

## 二、资源国石油开发策略模式关键因素组合

一个国家石油开发模式的宗旨是通过对其资源量、技术水平和资金来源等关键因素的多种组合来实现国家利益的最大化。我们对资源量、技术水平和资金来源三种因素分别设高、低两种情景，可以得到表 2.1 所示的 8 种组合：

表 2.1　各种关键策略因素的可能组合

| 组合 | 资源量 | 技术水平 | 资金来源 |
|---|---|---|---|
| A | 低 | 低 | 低 |
| B | 低 | 低 | 高 |
| C | 低 | 高 | 低 |
| D | 低 | 高 | 高 |
| E | 高 | 低 | 低 |
| F | 高 | 低 | 高 |
| G | 高 | 高 | 低 |
| H | 高 | 高 | 高 |

### 1. A 类组合

第一种组合中资源禀赋弱、技术水平低、资金供给不充分。对任何一个希望开发本国石油资源的国家来说，这是关键战略因素最差的一种组合。每个国家的根本目标都是尽最大可能和尽快搞清其潜在的资源基础，资金和专门技术是达到这个目标的首要条件。在一个关键因素都不具备的特定

组合下，国家的首要目标是吸引外资来寻找油气，可以选择的政策是相当有限的。关键战略因素属于 A 类组合的国家，其石油开发战略应该是寻求开发基金的援助，以确定其石油和天然气资源的潜力，以及同既有资金又有技术的跨国石油公司签订租让协议或产品分成类合同。

2. B 类组合

关键战略因素的第二种组合是指资源贫乏、技术水平低，但有良好资金来源的组合。跨国石油公司不愿向资源贫乏的地区投资，这一点同 A 类国家没有很大差别。然而该国既有资金来源，即可以技术合同方式寻求服务公司开展地球物理活动，基于所获得的可靠资料吸引石油公司做进一步风险勘探。技术水平低可能成为国家深入参与油气勘探或开发进程的障碍。但如果有足够的资金可以利用，可以考虑同跨国石油公司搭建合资经营伙伴关系。

3. C 类组合

C 类组合是资源贫乏、资金不济，但拥有高技术水平的组合。高技术水平意味着本类的国家不是发展中国家，而是已经相当发达的国家。其发达的水平妨碍其在石油资源开发中，用有吸引力的工业协议条款去吸引外资。发达国家通常都具有高度成熟的国家治理体系，而在采矿业协议中要有吸引力的条款通常是将该国资源交给跨国石油公司处置。由于在这个特定的组合中，国家的资本有限，毫无疑问它希望在石油开发中能得到干股。也即，按照国家投股比例分担的资金应由承担开发任务的石油公司承担，并由国家从它的石油销售利润中按一定比例偿还。以干股参与的方式将要求石油公司在初期提供所需要的全部资金，项目风险增加，随之风险回报率也减少。C 类组合，发放许可证对国际石油公司的投资有吸引力。

4. D 类组合

本组合是资源贫乏，但有高技术水平和良好的资金条件的组合。主要是那些经济高度发达，但本国缺少石油资源的国家。作为发达国家，收取租税并非是政府考虑的重点，通常也不要求收税和参与作业，油气开发战略重点是更加希望能够在本国发现油气，选择的合同类型对石油公司常常没有那么苛刻。当然，对于一个有高技术水平和良好的资金来源的政府来说，似乎也可以组建一个国家石油公司，这个公司既能单独进行勘探作业，又能作为合资经营伙伴。在勘探中，国家作为合资伙伴是可行的，因为在勘探阶段降低了工业界投入的资金，从而大大地改善了风险勘探中的预期经济效果。

D类国家首先考虑的是建立本国资源，租让制似乎是能更好地反映资源少的地区进行石油勘探可能承担的高风险的一种合同类型。但是，具有高技术能力和良好资金来源的国家通常是治理体制完善的发达国家。因此，D类国家实行租让制时，未必保留传统的租让制特点。英国、加拿大和挪威所实行这种租让协议就被称为"现代租让协议"。

5. E类组合

E类是那些资源已探明，但还没有建立起发达工业体系或具有良好资金渠道的国家，技术基础落后和缺少资金表明本类的国家属发展中国家。既然资源基础已经建立，这类国家主要政策的制定就要保证从开发有限的资源中获取最大的利益。因此，石油开发政策以国家能获得最大收益为宗旨，并确实保证石油的开发活动能成为发展本国工业的原动力。E类国家已探明油气资源，其勘探风险就显著低于资源贫乏国家。因为地质风险低，国际石油界期望值增加。因此，符合国家社会经济目标的产品分成协议被业界所广泛接受。

6. F类组合

F类国家拥有石油资源和广泛的资金来源，但技术水平较低。低水平的技术说明此类国家仍属发展中国家。高水平的石油资源意味着该国已是石油生产国，良好的资金状况表明该国已从资源开发中得到不菲租金收入。在各个关键战略因素中，资源量是最重要的。那些已肯定拥有丰富油气资源的国家，政策选择的灵活性明显要主动许多。可以想象属 F 类的国家曾经实行过某种形式的租让制协议，并依靠这些协议探明了其资源，并为国家提供了比较丰富的收入，为良好的资金来源创造了条件。F 类国家政策的主要目标应该是利用石油收入，与国际石油公司建立合资公司并在石油领域进行最大可能的技术转让来提升技术水平。此类组合的国家中，服务合同成为最为广泛的石油开发模式选择。

7. G 类组合

G 类组合包括那些已拥有石油资源并且具有相当发达技术水平的国家，缺少资金的原因往往与其发展过快而背负庞大外债有关。既然资源基础是最为重要的战略因素，最佳石油开发战略是由国家石油公司进行有限的勘探和开发，在那些超过国家财力的油气远景地区实施风险服务合同。建立资源基础是国家石油公司存在的先决条件。存在良好的技术基础，则意味着国家石油公司有能力单独进行石油开发。为保证石油资源的最佳开发，国家必须吸引国际石油公司来投资以弥补国家石油公司的资金不足。考虑到资源情况和本国工业高度发达的特点，应尽可能与感兴趣的跨国石油公司选择风险服务合同。

8. H 类组合

H 类组合代表已建立了资源基础，有发达的技术水平和良好资金来源的国家。有较好的资源基础表明在吸引外国公司申请作业许可方面已获得了成功。高度的技术水平是已成为重要石油消费国的发达国家的标志。石油资源靠近石油市场无疑在勘探阶段更能吸引大石油公司。国家有良好的资金来源，可以使国家更大规模地参与石油事业。H 类都是高度发达的国家，有十分健全的国家治理体制和相应的现代财务制度。这种财务制度很容易适应石油生产作业，随着一系列财政变化，租金收入将达到最高水平。也可采取其他形式收取租金，例如，生产的原油全部或部分地按优惠价收购。这些国家的石油工业必然会实行高水平的管理。经济发展是一个长期的过程，高度发达的国家自然有丰富的石油工业管理经验。

H 类国家的石油开发战略像其他国家一样，旨在从越来越少的石油资源中为国家获取最大的利益。正如上面所述，可以想象，其财政租金收入已经达到最高程度。该国为了保障供应，强行按既定（优惠的或不优惠的）价格收购一定数量的原油。以现有的高技术水平和良好的资金来源，比较容易建立国家石油公司。H 类国家石油工业地质和政治方面的风险都很小，许可证发放为核心的矿税制受到普遍欢迎。

对上述石油开发模式进行总结，可得表 2.2 所示的关键战略因素的 8 种组合及其战略选择。

表 2.2　石油开发策略模式

| 石油资源贫乏 | | | | 石油资源丰富 | | | |
|---|---|---|---|---|---|---|---|
| 技术水平低 | | 技术水平高 | | 技术水平低 | | 技术水平高 | |
| 资金来源差 | 资金来源好 | 资金来源差 | 资金来源好 | 资金来源差 | 资金来源好 | 资金来源差 | 资金来源好 |
| A | B | C | D | E | F | G | H |
| ·产品分成<br>·国家石油公司同地方工业联系<br>·矿区使用费假设生产量为基础的税收 | ·公平参与<br>·有偿的地球物理作业<br>·矿区使用费加税收 | ·租让制和产品分成<br>·矿区使用费加税收 | ·租让制<br>·地方工业参与<br>·国家石油公司 | ·租让制和产品分成<br>·国家发展机构参与<br>·以盈利率为基础的税收 | ·服务合同<br>·通过合资经营达到技术转让<br>·矿区使用费加税收 | ·风险服务合同<br>·国际援助机构的有限参与<br>·矿区使用费加税收 | ·高度发达财务制度<br>·大工业企业的参与<br>·石油服务业的发展<br>·国家石油公司<br>·矿区使用费加税收 |

# 第三节　油气资源开发的合作机理分析

从信息经济学和博弈论的角度分析油气资源开发机制的机理是基于契约理论研究油气资源开发机制的必要条件，只有将机理梳理清楚，才能更进一步总结规律、选取变量、建立模型，对石油合作背后的机制问题开展深入研究。石油财税体系是制度层面上对油气资源开发机制的描述，可以作为分析的切入点。石油合同则是以具体油气项目为依托，在石油财税体系下对石油合作更详细的规定，是深入研究石油合作机制问题的基础。石油合作双方在合作中的行为以及油气行业高风险、高收益的特征对双方决策的影响，是石油合作机制激励效果的重要影响因素，也是机理分析不能忽视的内容。

## 一、油气资源开发合同的意义

### 1. 油气资源开发的目的

资源国政府和石油公司开展石油合作，从事油气生产活动，最终目的都是为了获取收益。油气勘探开发具有高风险、高收益的特征，专业技术难度高，所需资金量巨大。通过合作，由资源国政府提供油气资源，石油公司提供资金和技术，获取的收益根据一定的规则在双方之间进行分配。显然，合作双方都希望自身获得更多的收益。

资源国政府作为资源的所有者，是石油合作中的主动方，不需要承担作业风险，更关注自身能够获得的收益。一方面，希望石油公司进行更多的勘探、开发投资，以发现更多的油藏，实现更多的产量；另一方面，希望通过谈判和石油合同的规定，使自身在收益分配时能够得到更大的利益。当然，实现油气资源开发，才能实现合作方的利益，所以随着世界经济形势和能源格局的变化，资源国也开始关注对于石油公司投资的吸引力。

石油公司作为作业者，需要承担油气勘探开发中的资金和技术风险，因此不仅关注自身收益，更关注风险和收益的平衡。一方面，根据石油合作的一般约定，若勘探成功则收益在合作双方直接分配，若勘探失败则石油公司承当全部的损失，因此石油公司在投资时必须进行风险和收益的权衡，关注期望收益；另一方面，石油公司也希望在谈判中更多地争取自身的利益，规避风险，使石油合作合同的规定更有利于投资的开展。虽然石油公司是合作中的被动方，但可以在石油合同规定的框架下，以自身目标为基础进行勘探开发决策。如图 2.3 所示。

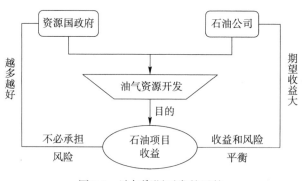

图 2.3　油气资源开发的目的

## 2. 国际石油合同的重要作用

国际石油财税体系是各国对于本国石油合作机制在制度层面上的表述。而国际石油合同则是在财税体系的框架下对具体的石油合作更为详细的规范和约定，在油气资源开发中发挥着重要的作用。

石油合同具有重要的纽带作用，描述了油气资源开发的基本规则，不仅是维持石油公司和资源国政府之间合作的重要保障，也直接影响着石油行业与世界经济的关系。石油合作是一个长期的过程，不确定性大，涉及大量资金，对合作双方利益影响巨大，必须通过石油合同对合作规则加以约定，以规范参与者的行为和利益分配，才能实现长期稳定的合作。而石油工业的最终成果——石油和天然气——既是世界主要能源消费品，又具有一定的金融属性，在世界经济中具有特殊的战略地位。合理的合同设计既是维持石油工业健康发展的保障，更是维持石油行业与世界经济之间良性关系的必要条件。图2.4描述了石油合同在与各方关系中的纽带作用。

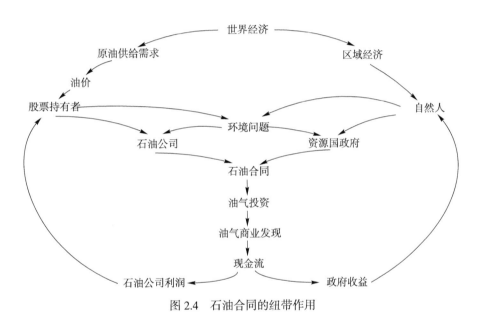

图 2.4　石油合同的纽带作用

石油合同还具有重要的约束作用，不仅规定了合作双方在资源、资金、工作量方面的义务，更详细规定了未来收益的分配规则。在义务方面，油气资源深埋地下，使得可能蕴含资源的油气区块也具有较大的价值。在石油合作中，若资源国提供的作业面积过大，则可能损害自身利益；若作业面积过小，则影响石油公司的勘探发现。石油公司的投资直接影响着勘探发现，若一味加大投资则自身可能承担过大损失；若为了规避风险而过度减少投资，则损害资源国利益。在利益分配方面，石油合作的最终目的是获取收益，利益分配方式直接影响着合作双方的最终收益，并影响着合作双方的决策。必须通过石油合同对以上内容详细规定，才能保证合同的有效执行和项目的正常运转。

## 二、油气资源开发模式及基本内容

### 1. 油气资源开发模式

基于契约理论分析油气资源开发机制的机理，应该重点关注产权和收入分配方式。当前的油气资源开发，正是由于产权和收入分配方式的明显区别而产生了不同的合作模式。具体反映在合同层面，则是产生了不同类别的国际石油合同。如图 2.5 所示。

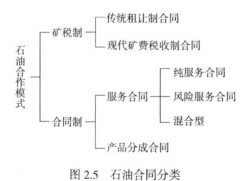

图 2.5　石油合同分类

根据矿产资源所有权的不同，石油合作模式可以分为矿税制和合同制。矿税制中，矿费税收制合同是比较常见的合同模式，合同制中产品分成合同和服务合同是比较常见的模式，其中产品分成合同的使用最为广泛。在探讨石油合作机制时，主要就是探讨不同模式下的收入分配方式和成本回收方式。下面对三种常见石油合同的成本回收和收入分配方式与总收入之间的关系进行说明，并作为本书后续规律总结与模型构建的逻辑基础。在探讨合同模式时，采用分类分级的方式分析和说明问题。

矿费税收制沿袭了传统租让制的产权理念，是一种比较简单的收益分配模式。油气资源在产出后归石油公司所有，资源国政府通过征税的方式获得收益，剩余部分为石油公司所有。以下对收入分配进行分步说明。第一步，将总收入分为税费和总收入剩余两部分，税费直接上缴资源国政府，通常包含矿区使用费等；总收入剩余不是完全归石油公司所有，在抵扣成本后，仍需扣缴利润相关税费。第二步，总收入剩余分为两部分，一部分为成本抵扣，另一部分为石油公司利润。第三步，石油公司利润根据合同规定上缴所得税等税费。最后，石油公司的收益为利润扣除相关利润税，政府所得为成本抵扣前税收和成本抵扣后的税收。需要说明的是，由于矿费税收制与合同制的矿产资源所有权不同，矿费税收制合同中没有关于成本回收和利润油分成的规定，但是在计算收益分配的过程中，成本抵扣、利润分配和成本回收、利润油分成具有相同的数学特征。

图2.6列示了矿费税收制的基本分配路径，一些国家还在矿费税收制模式下设置了一些地方税种，这不影响矿费税收制的基本分配模式。

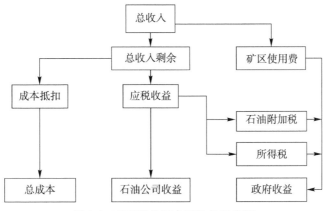

图 2.6　矿费税收制合同的收益非配

产品分成合同中，矿产资源所有权归政府所有，石油公司的收入可以分为成本回收和利润油分成两部分，剩余部分全部由政府获得，通过税费和分成的方式体现。石油公司的成本回收通常在总收入中设置回收限额，超出部分结转至下一年。以下对收入分配进行分步说明。第一步将总收入分为三个部分，一部分为可用于成本回收的收入；一部分为税费，通常包含矿区使用费等；一部分为总收入剩余。第二步，将可用于成本回收的部分分为成本回收和成本回收剩余，通常情况下，在获得商业产量的最初几年，成本回收包含之前的勘探开发成本，没有剩余；在之前的成本都回收后，会在成本回收限额下有一定的剩余。第三步，总收入剩余和成本回收剩余合并为利润油，根据合同规定的分成原则，将利润油在资源国政府和石油公司之间进行分配。第四步，石油公司获得的分成根据规定上缴所得税等利润相关的税费。最后，石油公司收益为分成油扣除税费的部分，政府收益可分为成本回收前税收、利润油分成和分成后税收。

图 2.7 列示了产品分成模式的基本分配路径，一些国家还在产品分成

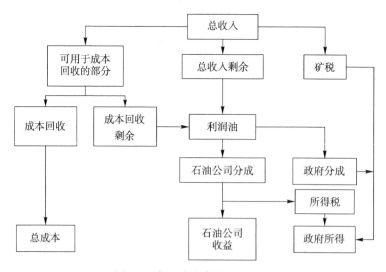

图 2.7　产品分成合同收益分配

模式下设置了一些地方税种，这不影响产品分成合同的基本分配模式。

　　服务合同的理念是，油气生产的全部产出归政府所有，石油公司的收益通过服务费的方式获得，勘探开发成本在油田获得产出后可以在成本回收限制内逐年收回，扣除服务费和成本回收，剩余部分为政府所得。以下分步说明收入分配。第一步，总收入可分为成本回收基础和总收入剩余两部分。第二步，成本回收基础可分为成本回收和成本回收剩余两部分。第三步，成本回收剩余和总收入剩余共同组成服务费基础，在此基础上计算石油公司应获得的服务费。第四步，石油公司获得的服务费需要根据规定上缴利润相关的税费，通常包含所得税等。最后，石油公司收益为服务费扣除利润相关的税费，资源国政府的收益为总收入扣除成本回收和服务费的剩余部分，以及从服务费中提取的税费。需要说明的是，服务合同的整个收益计算过程相对简单，只有服务费的计算比较烦琐。

　　图2.8列示了服务合同的基本分配路径，一些国家还在服务合同下设置了一些地方税种，这不影响服务合同的基本分配模式。

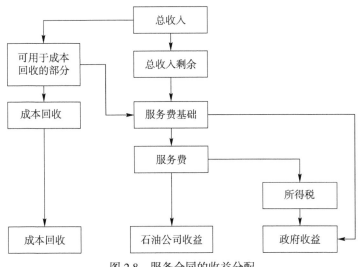

图 2.8　服务合同的收益分配

### 2. 油气资源开发合同基本内容

油气资源开发是一个长期而复杂的过程，对于其机制的研究，不能仅关注石油合同中对产权和收入分配的规定和细节，即需要从整体层面梳理石油合同的内容，也需要从更抽象的角度概括对产权和收入分配的规定。

石油合同的内容可以从权利和义务两个方面进行归纳，并且可进一步分为生产过程中的权利和义务以及利益分配过程中的权利和义务。图 2.9 和图 2.10 分别从这两个不同阶段对石油合作中的权利和义务进行梳理。

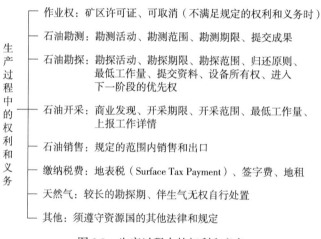

图 2.9　生产过程中的权利和义务

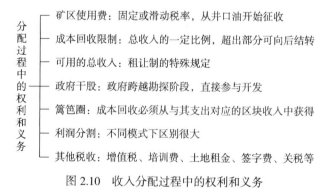

图 2.10　收入分配过程中的权利和义务

在生产阶段，根据石油合同的规定，资源国政府有义务为石油公司在勘测、勘探、开发等阶段提供不同的作业范围，并对油气生产活动仅进行最低工作量的规定，而不做过多的干涉。当然其也有权利在石油公司未满足合同规定的作业条件时收回相关区块，废除合同，停止合作。

从石油公司的角度，石油公司有义务在合同签订后缴纳相关的税费，完成基本工作量，并遵守资源国的相关法律制度。石油公司有权利制定和选择基本工作量之外的勘探、开发活动，也在完成勘探阶段后具有进入开发阶段的优先权。这就为石油公司的决策提供了一定的空间，石油公司可根据自身利益最大化的目标选择相关的勘探、开发方案。

收益分配阶段的权利主要是指合作双方，特别是石油公司有权按照合同约定得到属于自己的收入的权利。需要特别注意的是，资源国政府有权不参与勘探阶段而直接入股开发阶段，石油公司则有义务在成本回收时遵守篱笆圈的规定。

## 三、油气资源开发的机制分析

### 1. 石油合同与资源国政府的收益

当前的油气资源开发模式是资源国政府在长期的石油合作中不断总结经验、改进设计而形成的，必须先对石油的产出过程和特征进行系统的归纳，才能以此为基础分析资源国对石油合同的设计。

油气产出过程中风险巨大，不确定性非常高。油气资源深埋地下或海底，在地球表面分散分布，并非所有的地质勘察工作都能获得有经济价值的油田。从最初在较大的范围内搜寻可能的油气区块到最后将石油或天然气开采出来，需要经历多个阶段。若最终没有发现油藏，则之前的全部投资成本都将变为沉没成本。

由于不确定性高，油气产出的过程中经历多个阶段，面临大量决策。作业区域面积的变化是油气生产过程中各个阶段最直观的划分方式，图2.11从作业范围的角度形象地展示了各个阶段的特征。油气生产活动如同漏斗一样，从范围广阔的富油盆地开始，根据每一阶段获得的信息，逐渐缩小作业范围，增加勘察详细程度，最终锁定目标油田，将资源开采出来，并获得收益。这是一个由表及里、由面到点、环环相扣的过程，失败的可能性很大，每一步对于作业范围的划定和缩减都需要详细的策划论证、设计实施。

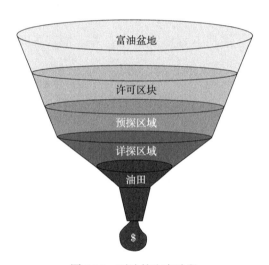

图 2.11　石油的生产阶段

正是由于油气生产过程中面临着大量的不确定性，资源国政府无法在合同设计时对未来情况一一确定，才出现了相关机制研究。在油气生产的不确定性背景下，在合同中对石油公司的最低工作量加以约束，在收益分配时着力考虑提高资源国政府在不同产量下的收益比例，是当前石油合作机制的主要特征。从这些特征可以看出，政府在解决石油合作中的可能面临的不确定情况时，着力点在于约束和管理。而根据契约理论的研究，当合同不能对未来的情况进行完全约定时，仅通过对作业者的约束并不能完全保障资源国政府的利益，因此更应关注对激励机制的设计。

2. 石油合同与石油公司的投资决策

由于油气生产中的不确定性，资源国政府通过石油合同对石油公司的最低工作量、成本回收以及收益分配都进行了约束，但石油公司依然具有勘探开发阶段的决策权。分析石油合同对于石油公司的影响，必须以石油公司在勘探开发阶段所面临的不确定性和决策范围作为基础。

油气勘探开发不仅风险大，技术难度也非常高，每一阶段的工作方案都需要地质工程师、技术工程师的详细规划与设计，在方案选择方面需要科学决策，才能提高成功率。图2.11从作业区域的角度描述了油气产出过程，从石油公司的角度分析，这一过程对应着技术上的不同阶段。富油盆地与许可区块对应一般的勘测阶段，也就是普查阶段；预探区域和详探区域对应勘探阶段；油田则对应开发阶段和开采阶段。在每一个阶段开始前，石油公司都需要根据专业经验和自身的技术水平在已有资料的基础上对未来可能出现的结果进行预测，并根据预测设计和选择实施方案。石油财税体系对石油公司在勘探开发过程中的权利和义务进行了规定，这也是在决策时需要考虑的问题。图2.12从技术角度描述了勘探开发过程。

石油公司在油气勘探开发阶段面临多种不确定情况，结合石油合同的规定，对石油公司的决策在不同情况下展开分析。

（1）勘测阶段：在这一阶段，石油公司可以通过签订合同等方式从资源国政府得到某一矿区的勘测许可，并支付费用。在这一阶段，石油公司

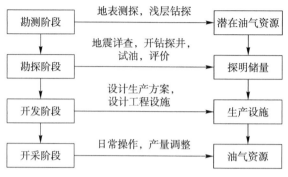

图 2.12　勘探开发的技术阶段

获得基本地质资料，但并不因此获得进入勘探阶段的优先权。同时，不经过这一阶段的勘测工作，也可以以平等的机会取得勘探许可证，进入勘探阶段。也就是说，这一阶段的工作和费用的支出并不能使石油公司对地质储量有一个明晰的估计和评价，也不能使其获得进入下一阶段额外的选择权。这一阶段的投资决策与最终的产出和收益没有直接关系。

（2）勘探阶段：石油公司通过竞标等方式，签订合同，支付签字费等费用，获得对某一区块的勘探权。这一阶段的成本还包括进行勘探工作的费用。在石油合作中，通常每年有最低投资限额。在这一阶段，石油公司为勘探所付出的成本非常大，而且，如果经过勘探阶段证明区域内资源不具有经济效益，则石油公司付出的所有成本均为沉没成本，不可收回。所以，虽然研究和实践都证明勘探投资与探明储量呈正向相关的关系，但是对于石油公司来说，也并非投资越大越好。当然，如果区域内的油气资源丰富，则在合同期内或合同期结束时，石油公司就具有了对区域内的资源进行开发的权利。所以，在设计勘探方案时，要充分考虑成本、发现油气资源的可能性、未来收益等各方面因素，最终选择预期收益最大的方案。

（3）开发阶段：经过勘探阶段，如果发现具有商业价值的储量，则石油公司可以通过续签合同并支付租金，获得在区块内开发石油的权利。进入开发阶段，石油公司投入资金进行打井等基础建设，为石油开采做准备。在开发阶段，石油公司需要投入的资金更多，如果最终开采阶段的产出量与勘探阶段的预测差别较大，则石油公司也将承担损失。显然，开发投资巨大，且仍然具有一定的投资风险，石油公司也要在考虑自身收益的基础上选择合理方案。

（4）开采阶段：按照惯例，开采和开发阶段为同一合同期，因此，该阶段的成本不包含签订合同的成本。在完成开采前的准备工作，即开发阶段后，石油公司进入开采阶段。在该阶段，石油公司将油气资源开采到地面，并进行运输、处理、销售等活动，以获得经济效益。当然，为了维持石油的正常生产，石油公司也需付出成本。由于市场等方面的原因，石油公司仍然可根据自身收益与支出做出暂停开采或放弃开采的决策。

对上述过程进行分析，可以发现在每个阶段都可以根据具体情况，选择不同的投资运营方案，目标是规避风险并获取收益。风险的来源，除了地质工程不确定性可能导致的勘探失败即没有储量发现之外，也包括来自石油合同的约束。即使勘探成功，且由于较大的勘探投资而获得了较大的储量发现，在石油合同的约束下，石油公司未必能得到较大的收益。即由于合同的影响，虽然石油公司承担了更大的风险，也付出了更大的投资，实现了合作项目更大的价值，但石油公司本身并不能获得更多的收益。这种情况必然影响石油公司的决策，而在现行的石油合同下，石油公司有权结合地质情况和石油合同的规定，衡量风险与收益，选择能够实现自身期望收益最大的投资方案。对于这种情况，石油合同无法约束，而现行的以约束为主要目标的石油合作机制也不能发挥很好的作用。图 2.13 更形象地说明石油合同对石油公司决策的影响。

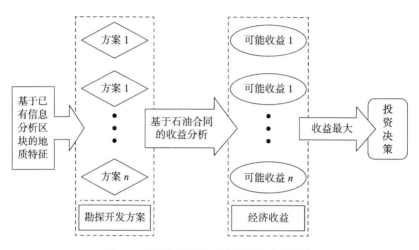

图 2.13　石油合同对石油公司的决策影响

第三章

# 契约经济学与油气资源开发机制

20 世纪 70 年代以来，以激励理论、不完全契约理论、交易成本理论为主流发展方向，以博弈论为研究方法的契约经济学迅速发展，创新了经济学领域的研究范式，在产权、价格、公共事业规制等多个方面得到广泛的应用。油气资源开发过程中的长期契约、参与人之间的委托 – 代理关系、石油合同的缔约机制等问题，可以尝试运用契约经济学的理论进行阐释和寻求效率更高的解决方法，已有少量文献研究这些问题。本章梳理相关理论和应用的发展脉络，阐释契约经济学的基本理论和石油合作中的委托 –代理问题，作为后续章节的基础。

## 第一节　契约理论基本思想

### 一、文献回顾

1. 委托 – 代理问题和机制设计

契约理论（Contract Theory）[①]是最近 40 年来经济学中最受关注的研究

---

① 也有学者将其译为合同理论，本书为了与油气资源开发合同的概念区别，采用契约理论这一译名。

领域之一。解决缔约过程中的信息不对称问题是契约理论的主要作用，委托 – 代理问题是其中最普遍的信息不对称问题，可以分为隐藏信息（逆向选择）和隐藏行动（道德风险）两类。

20 世纪 50 年代和 60 年代，博弈论经历了迅速的发展，70 年代信息不对称问题的提出又为经济学带来了新的研究视角，以博弈论为基础、以信息不对称问题为重要研究领域的信息经济学研究在理论和实践中越来越受到重视，研究成果渐成体系。20 世纪 80 年代至 90 年代，涌现了信息经济学的大量重要成果，至今该领域的研究依然活跃。由于研究通常在契约的环境中开展，也有学者将其成果称为契约理论。

委托 – 代理问题是实践中经常遇到的问题，也是契约理论所关注的重点领域之一，委托 – 代理模型是基于契约理论解决现实问题的重要方法，大量的经典模型被提出。单委托人、单代理人的情况是委托代理问题中最基本的研究领域，Grossman 和 Hart，Holmstrom，以及 Rogerson 分别建立模型对这一问题进行了经典阐述。Holmstrom 在其随后的研究中又关注了单委托人、多代理人的情况，并建模加以分析，Green 和 Stokey 也关注了这一情况。随着博弈论和数学工具的发展，多委托人、单代理人的问题也能通过模型进行描述和分析，Bernheim 和 Whinston，Dixit，Grossman 和 Helpman，以及 Martimort 分别从不同角度构建模型加以分析。由于现实问题的复杂性，学者们不断拓展研究的视角和深度，多重工作的委托 – 代理分析以及动态模型也被提出并用于解决委托 – 代理问题，Milgrom 和 Tirole 等学者在这方面做了大量工作。

机制设计理论是解决委托 – 代理问题的基本理论工具，但其本身可以从更一般的角度解决问题，可以应用在更广泛的范围。其理论方法已形成体系，在微观经济学或信息经济学的教科书中均有完整的论述。Myerson 和

Satterthwaite 的研究是这一领域的经典之作。机制设计理论不仅被应用于解决一般的委托 – 代理问题，契约理论的很多经典研究都是基于此的。Laffont 和 Tirole 运用机制设计方法分析了成本观测对公司制度的影响；Harris 和 Raviv 研究了资本预算问题；Mailath 和 Postlewaite 则研究了非对称信息下的讨价还价问题。

契约理论不仅包含了委托 – 代理理论和机制设计理论，还包含了更复杂的情况，Bolton 和 Salanie 从不同角度对其进行了系统的梳理。实际上，契约理论的发展，不仅从模型的角度为很多现实问题带来了定量求解的方法，更从研究思想和分析角度上带来了透过现象看到本质的可能性。

2. 拍卖激励合约

拍卖机制是在规制中实现竞争性均衡的重要方法，是解决委托 – 代理问题从理论到实践的重要方法。契约理论的大量研究关注拍卖机制在合约效率、资源配置等方面的作用。

在理论方面，拍卖理论是运用博弈论、机制设计理论解决现实问题的重要领域，契约经济学领域的大量著名学者在拍卖理论的发展中做出贡献。Vickrey 开创性地论述了解决规制经济学中"反投机"问题的一种方法，即通过拍卖的方式改进不完全竞争市场中的资源配置效率，并比较分析了几种拍卖方式的效果，论证了二级密封价格拍卖（后被称为维克瑞拍卖）比一级密封价格拍卖提供更好的激励。Demsetz 进一步阐述了信息不完全情况下的合约设计问题，Williamson，Milgrom 等学者从最优拍卖机制、激励机制、风险偏好、共同价值等角度进一步阐述了拍卖机制设计理论，Mcafee 和 Mcmillan 对这些研究进行了综述，在理论上，不同的前提条件推导出了不同的最优机制。

在实践方面，现实市场中通过拍卖确定价格、达成交易的形式早已有之，且促进了相应领域交易的繁荣，然而如何将基于机制设计的拍卖理论转化为容易理解的现实规则，激励资源所有者或代理人参与竞争，引导资源更有效率配置，却并非易事。经过反复的论证推理和现实检验，拍卖规则在规制市场中的价格发现、改进复杂情况下的资产配置等方面初见成效。早期的实践困难重重，Woods 详细论述了拍卖在油气资源矿权竞标中的应用，并推理出信息不对称情况下拍卖机制不能发挥作用。Wilson 基于 Vickrey 的拍卖理论改进了 Woods 的研究，论述了不对称信息下的竞标策略并给出两个应用案例。Mead 的研究表明，美国林业局通过一级密封价格拍卖获得的收益多于通过英式拍卖获得的收益，Capen, Clapp 和 Campbell 分析了油气资源拍卖中的赢者诅咒问题。Mead, Moseidjord 和 Sorenson 检验了 Milgrom 和 Weber 提出的包含私人信息时提高投标者收益的假设。Milgrom 详细阐述了其在美国无线电频谱拍卖中的实践和对拍卖规则设计的前沿思考。

3. 油气资源开发合作中的机制设计

石油合同是连接油气资源和市场的纽带，对石油工业上游的发展具有重要影响，石油合同财税体系和拍卖特征受到能源经济领域大量学者的关注，政府、企业也持续投入资金推动相关研究。但是大量研究仍停留在对财税体系和拍卖特征的计量经济学分析，关于石油合同背后的委托－代理问题和拍卖激励规则的研究成果不够充分。

Hampson 于 1991 年发表在《金融经济学刊》（*Financial Economics*）上的文章对石油合作背后的委托－代理问题和激励问题进行了探讨。文章关注了油气资源开发合作过程中政府和石油公司之间的博弈关系，阐述了政府和石油公司之间存在的委托－代理问题，将石油公司所能获得的分成油作为激励石油公司投资的最主要因素，建立模型分析了产量分成规则对投资和收益的影响。文章虽然对现实问题进行了极大的简化，但充分论证了石油合作背后的激励机制设计问题，为石油财税体系的设计引入了一种新的分析思路，然而延续这一思想对现实问题的进一步阐释和应用并未出现。

Osmundsen 发表了多篇论文探讨激励问题，在其 1999 年的论文中探讨了挪威石油开采行业的风险分担和激励问题，论文详细论述了石油生产中存在的道德风险，并认为挪威的石油政策使政府承担了过多的风险。在后来的研究中，Osmundsen 对这一问题进行了扩展，运用道德风险理论分析了挪威石油工业中对代理人的经济激励与作业风险之间的关系，并指出应更多运用信息经济学的理论改进石油合作合同，通过经济理论激励代理人选择更为安全的生产方式。Osmundsen 还对钻井合同的激励机制进行了多角度的探索，讨论了钻井合同中激励制度的设计与作业风险的关系，结合北海地区钻井数量不足的状况，分析了不同的钻井合同对承包商钻井效率、钻井质量等方面所产生的激励作用，指出了激励机制与钻井数量之间的关系。这些研究认为，石油合同的长度和复杂程度的增加并不能解决以上问题，仍需通过设计合理的激励机制来解决问题。Berends，Kaiser，Abdo 分别运用计量经济学的方法对大量的合同数据进行比较分析，并论证不同财税制度的机制特征，这些研究从油气资源开发的实际情况出发，从多个角度论述合作中可能出现的逆向选择并提出设计激励措施的建议，这对于石油财税体系激励机制的设计具有重要的参考作用，研究侧重于政策分析或计量分析，以发现问题、总结规律为研究目的。

也有一些研究建立模型对国际财税体系进行分析，但模型中关于代理人类型和信息的定义包含了过多的假设，忽略了资源、资金这两个影响双方博弈的重要因素。Kashani 以产品和服务的供给量和供给方作为变量设计模型，研究了北海石油合同中激励机制的设计对作业者的原材料和服务商选择的作用，分析认为，合理的激励机制可以促使作业者选择更多的国内供给。Sund 以不同代理人在同一个项目中具有不同的成本和收益为假设前提，定义了代理人类型，详细阐述了针对石油行业的委托－代理模型的设计，研究了包含一个委托人和多个代理人，且代理人具有利己特征的问题，并指出为了保证委托人和代理人的利益，应避免代理人垄断的情况。Ghandi 和 Lin 基于动态规划模型分析了伊朗回购合同下产量和收益的关系，探讨了合同条款对于国家石油公司行为的影响，结果显示，国家石油公司在开发本国油气资产时，选择了最大产量的策略，而并非最大化自身收益，这是设计财税制度时需要考虑的问题。Feng 等基于动态规划模型分析了不同假设下，产品分成合同对于国际石油公司的激励情况。Smith 运用简化的委托代理模型分析了石油公司的避税行为对激励机制和政府收益的影响，模型中对分成规则、成本回收限制等财税条款都进行了简化处理。

在油气资源拍卖领域，研究成果主要集中在对拍卖特征的实证研究，学者们基于计量经济学方法，从多个角度总结规律，分析了投标者数量、投标价格、区块的地质信息、资产估值等因素之间的关系，以及这些因素对投标者收益、拍卖效果的影响。Capen, Clapp 和 Campbell 在分析资产估值和中标者收益时提出了赢者诅咒问题，Gilley 和 Karels 论述了具有相邻区块开采权的投标者能够更准确地评估资产价格，Mead, Moseidjord 和 Sorensen 分析了中标者的税后内部收益率。Nordt 对油气资源拍卖的研究方法和结论进行了综述、面向行业专家开展调研、模拟拍卖实践、探讨拍卖估值方法，并基于这些研究总结了油气资产拍卖的特征。

关于油气资源开发合作中的机制研究充分证明了基于契约理论解决石

油合作背后的委托－代理问题和拍卖机制设计是降低信息租金、提升合作效率和合作各方效用的重要方法，已有的成果虽尚不能直接应用于实践，却为后续的研究提供了方向上的指引。关于激励机制的政策性分析指出了财税机制设计中需要考虑的信息不对称问题，关于激励机制模型的研究分析了激励机制对产量、收益、税收等的影响，关于油气资源拍卖的实证研究论证了现有拍卖方式下中标价格、收益等因素间的关系，这些成果都是石油合同和拍卖规则创新的重要借鉴。

4. 实物期权和期权博弈

实物期权思想来源于金融期权，将实物投资中由于未来管理灵活性产生的价值看作可获得收益的选择权。Myers 首次分析了实物资产投资中由投资机会的增加带来的实物期权价值。自此，实物投资中的灵活性价值受到越来越多的关注，实物期权方法也逐渐成为研究热点。自 Brennan 等和 Paddock 等运用实物期权方法分析和评价了铜矿和石油项目的价值后，实物期权方法的研究思路也逐渐清晰起来。Dixit 和 Pindyck 整理了实物期权领域的研究成果，并对实物期权模型的构建和应用进行了系统的论述。Dias 对实物期权方法在油气领域的成果进行了综述。在国内，关于实物期权的理论和应用研究都处于初级阶段，赵东、王震对此进行了综述。

实物期权理论自提出以来一直是投资决策时分析灵活性价值的重要工具，将其与博弈论结合而形成的期权博弈方法在投资决策研究领域也受到了一定的关注。期权博弈理论的发展时间不长，成果以模型和基本的理论分析为主。Grenadier 和 Wang 研究了信息不对称的情况下考虑到时间的灵活性价值的代理人决策问题，Nishihara 和 Shibata 构建模型分析了企业主和经理人以及投资项目之间的期权博弈关系，Morellec 和 Schurhoff 探讨了面向公司投资决策的期权博弈模型，Lukas 等研究了公司并购定价的期权博弈模型，Lukas 和 Welling 探讨了不确定条件下的投资的期权模型，Azevedo 和 Paxson 则总结了最近 20 年期权博弈领域的研究成果，在此基础上详细阐述了期权博弈模型的构建。国内，安瑛晖和张维对期权博弈理论的模型和方法进行了综述。期权博弈的应用研究尚比较少。在石油领域，Kemp 和 Stephen，Murphy 和 Oliveira，张耀龙分别讨论了期权博弈对于油气投资决策或石油公司行为的影响。另外，在并购决策、基建决策、矿产资源投资等方面，也有少量文献应用了期权博弈理论进行分析。

这些模型都是沿用博弈论的分析过程，即给定初始状态和规则后，考虑灵活性价值的同时根据博弈论推导参与人的行动，然后推测最终的结果。机制设计的分析过程为，设置目标后，反向运用博弈论的方法设计规则，以保证参与人选择合适的行动，实现既定的目标。已有的研究成果为财税机制设计提供了另一种思路，即在运用博弈论进行机制设计的同时考虑灵活性价值对于激励机制的影响。在运用契约理论的同时考虑灵活性价值，也就是财税机制设计中的期权博弈方法。

## 二、契约理论的主要概念 ①

契约经济学以契约作为基本的分析框架研究经济参与者之间的协调关系，从更加微观的角度研究交易及交易过程中的管理，为研究经济参与人之间的相互关系提供更加明晰的研究方法。在思想上，基于交易成本理论研究不同权力结构和制度安排的经济意义。在方法上，博弈论的研究成果为契约经济学研究真实世界提供了更加直观便捷的描述方式，机制设计理

① 本部分对相关理论的概述和详细说明参考 Fudenberg 和 Tirole 的《博弈论》、张维迎的《博弈论与信息经济学》、Bolton 和 Dewatripont 的《合同理论》、Laffont 和 Tirole 的《政府采购与规制中的激励理论》、Brousseau 和 Glachant 的《契约经济学》、Milgrom 的《价格的发现》等。

论和显示原理为契约关系的设计提供了简化途径，委托－代理理论围绕委托人和代理人之间的激励机制形成了系统的研究成果。在应用上，不完全信息、激励、产权、交易费用、规制等经济学研究领域在契约经济学的框架下得到进一步发展，油气资源开发的长期合约可以运用契约经济学的研究框架重新诠释。

契约理论可以分为研究完全合同的契约理论和研究不完全合同的契约理论。研究完全合同的契约理论研究体系已经比较完整，基于博弈的不同均衡类型，可以分为不同类型的机制设计。研究不完全合同的契约理论是契约理论近年来的研究热点，可以分为事前效率问题和事后效率问题，该理论体系仍在不断拓展和完善，其中产业组织和交易费用是应用活跃的两个领域。本书对油气资源开发机制的研究，基于完全合同的契约理论开展，本节和下一节对相关理论基础进行阐述。

研究完全合同的契约理论发展的时间比较长，体系相对已经比较完整，它以机制设计为特色，根据其使用的博弈策略概念，可以分为占优策略均衡的机制设计、贝叶斯均衡的机制设计、纳什均衡的机制设计以及子博弈精炼均衡的机制设计。在这些理论中，占优策略均衡的情况最容易分析，而且在双边合同的情况下运用显示原理可以极大地简化对最优合同的分析。但是，在多边合同的情况下往往难以找到有效率的占优策略均衡，贝叶斯均衡则在多边不对称信息合同的机制设计中得到广泛的应用，而纳什均衡和子博弈精炼均衡则用于分析完全信息情况下的合同或机制执行问题。虽然在标准的委托－代理模型中，最优合同不是最佳的，但是，就它总在最大可能的程度上明确规定未来所有状态下所有各方的责任的意义上说，这些合同都是完全的，它不会在未来被修改，因为所有可能有的修改都已被预期到并已被纳入最初的合同之中。

　　研究不完全合同的契约理论近年来一直是微观经济学研究的热点，在交易成本学派看来，合同不完全的原因有以下三点：第一，很难预测未来可能发生的各种情况并为之描述各种情况；第二，即使第一个原因满足，也很难达成协议，因为很难有共同语言可以描述各种情况；第三，即使前两个原因都满足，也很难将它们表述得让第三者（如法院）可执行。在理性人假定下，一个不完全合同会随时间变化而进行重新谈判或修正，因此，合同不完全具有重要的经济含义：第一，事后讨价还价的成本，且关于剩余分配的争论是无效率的；第二，事后无效率的成本，由于事后的信息不对称，或事后决策权的事前安排不妥当，重新谈判可能达不成有效率的协议；第三，事前的关系专用性投资扭曲（如不足），因为交易收益的分配还要取决于缔约方事后的讨价还价能力，各方出于对另一方在重新协商阶段会把自己套牢，会更愿意做相对非专用性的投资。

　　委托–代理问题描述参与人之间由于信息不对称引起的效率、激励等问题，是契约经济学最主要的研究领域之一。通常情况下，将了解信息的一方称为代理人，将不具有信息的一方称为委托人。根据代理人的信息类型，可以分为隐藏信息（逆向选择）和隐藏行动（道德风险）两类问题。根据一般的惯例，用委托–代理问题特指隐藏行动的情况。

　　在考虑多边缔约问题时，委托人的合同设计不再是简单地控制单一代理人的决策问题，而是设计一个更加复杂的涉及几个相互作用的代理人行为的博弈。需要关注的核心问题是买方估价和卖方成本的不对称信息是如何影响买卖双方之间的交易的，以及几个拥有位置估价的卖方之间的竞争，如何影响卖方的最优非线性定价策略。如果每个代理人都拥有私人信息，那么委托人降低代理人信息租金的一个重要途径就是在代理人之间引入竞争机制，即采取拍卖的办法。

# 第二节　博弈和均衡

博弈论的发展为契约理论的研究提供了极大的便利，用数学的语言简洁清晰地刻画出契约的逻辑关系，博弈均衡状态成为契约分析的切入点。在理论研究中，一般根据信息是否完全和博弈是否为动态将博弈分为四种类型，每种类型根据博弈规则推导出均衡状态。

## 一、完全信息的静态博弈

### 1. 策略式博弈

策略式（或标准式）博弈由三种元素组成：参与人集合 $i \in \varphi$，我们设为有限集合 $\{1, 2, \cdots, I\}$，每个参与人 $i$ 有纯策略空间 $S_i$，以及收益函数 $u_i$，这一函数对每种策略组合 $s=(s_1, \cdots, s_I)$ 给出参与人 $i$ 的冯·诺伊曼 – 摩根斯坦（von Neumann–Morgenstern）效用 $u_i(s)$。将除了给定参与人之外的所有其他参与人称为"参与人 $i$ 的对手"，标记为"$-i$"。这一术语并不意味着其他参与人试图"击败"参与人，而应该是每个参与人的目标是最大化他自己的收益函数，这可能会涉及"帮助"或"损害"其他参与人。

混合策略 $\sigma_i$ 是纯策略式的一种概率分布。每个参与人的随机化及其对手的随机化是独立统计的，混合策略组合的收益是相应纯策略收益的期望值。将参与人 $i$ 混合策略的空间记为 $\sum_i$，其中 $\sigma_i(s_i)$ 是赋予 $s_i$ 的概率。混合策略组合的空间记为 $\sum = x_i \sum_i$，它的元素是 $\sigma$。混合策略 $\sigma_i$ 的支撑集是 $\sigma_i$ 赋予了正概率的纯策略的集合。组合 $\sigma$ 下参与人 $i$ 的收益是

$$\sum_{s \in S} \left( \prod_{j=1}^{I} \sigma_j(s_j) \right) u_i(s)$$

其中要注意，混合策略集合包含纯策略。

2. 纳什均衡

纳什均衡是一种策略组合，使得每个参与人的策略是对其他参与人策略的最优反应。如果对于所有参与人 $i$ 有

$$u_i(\sigma_i^*, \sigma_{-i}^*) \geq u_i(s_i, \sigma_{-i}^*), \qquad s_i \in S_i$$

则混合策略组合 $\sigma^*$ 是一种纳什均衡。

纳什均衡是关于博弈将会如何进行的"一致"预测，意思是，如果所有参与人预测特定纳什均衡会出现，那么没有参与人有动力采用与均衡不同的行动。因此纳什均衡（也只有纳什均衡）具有这一性质，参与人能预测到它，预测到他们的对手也会预测到它。

每个有限策略式博弈均具有混合策略均衡。

3. 多重纳什均衡、聚点、帕累托最优

许多博弈具有多个纳什均衡。出现这种情况时，假设纳什均衡被采用有赖于存在某种机制或过程导致所有参与人预期到同样的均衡。

关于"聚点"的理论认为，在一些"现实生活"局势中参与人可能能够使用策略式省略掉的信息来在特定均衡上协同。例如，策略的名称可能具有某种共同理解的"凝聚"力量。例如，假设两个参与人被要求指定一个确切的时间，如果选择吻合就有奖励，这里"中午12点"是聚点而"下午1点43分"就不是。博弈论略去这些考虑的一个原因是多种策略的"聚点性"取决于参与人的文化和以往经验。因此，在汽车交通流向中，在"左"和"右"之间选择时聚点可能随着国家不同而变化。

帕累托优势均衡并不一定总是被采用，有观点认为，如果参与人在博

弈之前能够彼此交流，则他们实际上会协同实现帕累托优势均衡。

## 二、完全信息的动态博弈

### 1. 斯塔克伯格均衡

在斯塔克伯格博弈中，企业的行动方案是要选择其产出水平，对参与人1而言是$q_1$，对参与人2而言是$q_2$。参与人1首先选择它的产出水平$q_1$，而参与人2在做出其产出水平的选择时则可以观察到参与人1的选择$q_1$。为了使问题更加具体化，假设生产是没有成本的，需求是线性的，需求函数为$p(q)=12-q$，从而参与人$i$的收益是$u_i(q_1, q_2)=[12-(q_1+q_2)]q_i$。

既然参与人2在选择其产出水平$q_2$时可以观察到参与人1所选择的产出水平$q_1$，则从原则上，参与人2会以其所观察到的$q_1$的产出水平为前提条件来选择$q_2$。同时由于参与人1首先采取行动，他就不能以参与人2的产出水平作为其产出水平的前提条件。因而，参与人2在这一博弈中的策略就可以看作是一种映射$s_2: Q_1 \rightarrow Q_2$，其中$Q_1$是$q_1$的可行集空间，$Q_2$是$q_2$的可行集空间，而参与人1的策略则仅仅是选择$q_1$。给定该博弈形式下的一个策略组合，则其博弈的结果就是产出水平$[q_1, s_2(q_1)]$，以及参与人的收益$u_i[q_1, s_2(q_1)]$。

当某一策略可以使得任何参与方都不能通过采取另一种策略而增加其所得到的收益时，称之为实现纳什均衡。斯塔克伯格博弈是一种特殊的纳什均衡情况，该均衡对应斯塔克伯格产出水平。参与人2的策略$s_2$是根据每一个$q_1$来选择$q_2$的水平，从而实现：$max q_2' u_2(q_1, q_2')$，因此$s_2$实质上与古诺反应函数中的$r_2$是一样的，即$r_2(q_1)=6-q_1/2$。而对参与人1，纳什均衡要求其策略必须是在给定的$s_2=r_2$的条件下最大化他的收益。因此，参与人1的产出水平$q_1^*$为$ax q_1 u_1[q_1, r_2(q_1)]$的解，通过收益函数，可解得$q_1^*=6$。

斯塔克伯格均衡正好与逆向递归所得到的结果是一样的。

2. 逆向递归法和子博弈完美均衡

定义"多阶段可观察行为博弈":(1)所有的参与人在阶段 $k$ 选择其行动时,都知道他们在以前所有阶段 0,1,2,…,$k-1$ 所采取的行动。(2)所有参与人在阶段 $k$ 时都是"同时"行动的。如果每个参与人在阶段 $k$ 选择自身行动的时候并不知道其他参与人在阶段 $k$ 的行动,则所有参与人都是同时行动的。定义 $h_{k+1}=(a_0, a_1, …, a_k)$,即阶段 $k$ 结束时的历史是以往时段里采取的一系列行动的结果。

逆向递归法可以在任何完美信息下的有限次博弈中应用,其中"有限次"表明博弈的阶段数是有限的。这一方法从确定最终阶段 $K$ 在每一历史情况 $h_K$ 下的最优选择开始,也就是说,在给定历史情况 $h^K$ 的条件下,通过最大化参与人在面临历史 $h^K$ 条件下的收益确定其最优的行动。允许参与人选择能实现其最大化约束的任何一个可能的行动。从而,向后推算到阶段 $K-1$,并确定这一阶段中采取行动的参与人的最优行动,保证给定阶段 $K$ 中采取行动的参与人在历史 $h^K$ 下将采取之前推导出来的最优行动即可。用这一方法不断"向后推算"下去,就如在解决决策问题时一样,直到初始阶段。这样就可以建立一个策略组合,并且很容易证明这一策略组合是一个纳什均衡,它有着良好的性质,即每一个参与人的行为在任何可能的历史情况下都是最优的。

子博弈完美均衡的前提:(1)由于所有参与人都知道在阶段 $k$ 的历史情况 $h_k$,可以把从阶段 $k$ 开始有着历史情况 $h_k$ 的博弈视为本身就是一个单独的博弈,记为 $G(h^k)$。如果从阶段 $k$ 到 $K$ 的行动是 $a_k$ 到 $a_K$,则最终历史情况就是 $h^{K+1}=(h^k, a_k, a_{k+1}, …, a_K)$,因而收益函数将是 $u_i(h^{K+1})$。$G(h^k)$ 中的策略就是从历史到行动集的映射,其中需要考虑的历史仅仅是那些与 $h^k$ 相对应的历史。（2）整个博弈中任一策略组合以一种明显的方式导致博弈 $G(h^k)$ 的策略组合 $s \mid h^k$：对于参与人 $i$ 而言，$s \mid h^k$ 简单的是策略 $s_i$ 对与 $h^k$ 相容历史情况的限定。

子博弈完美均衡的定义：如果对任意的 $h^k$，$G(h^k)$ 的限定策略 $s \mid h^k$ 是 $G(h^k)$ 的纳什均衡，可以观察行为多阶段博弈的策略组合 $s$ 就是子博弈完美均衡的。这一定义可以简化为完美信息下有限次博弈的逆向递归的情况，因为在博弈 $G(h^k)$ 的最后一个阶段中，其唯一的纳什均衡就是让在该阶段采取行动的参与人选择其偏爱的行为（之一），这正如在逆向递归中一样。而在给定最终阶段的纳什策略下，倒数第二阶段中唯一的纳什均衡也同样如逆向递归法一样，依此类推。

3. 扩展式博弈

博弈论经济应用方面的许多有趣之处在于有着重要的动态结构的情形，比如工业组织中的进入和进入威慑问题。博弈论的理论研究者们运用了一种"扩展式博弈"的概念来把这种动态的情形模型化。扩展式博弈清晰地表明了参与人采取行动的次序，以及参与人在做出每一行动的决定时所知道的信息。在这一背景下，博弈的策略所对应的是相机行动计划而不是非相机行动。

一个扩展式博弈包括以下信息：（1）参与人集合；（2）行动次序，即参与人参与行动；（3）作为其所采取行动的函数的参与人收益；（4）当他们采取行动时参与人的选择是什么；（5）参与人在做选择时都知道什么信息；（6）每一个外生事件的概率分布。

在完美信息博弈中，所有的信息集都是单点集，每时点参与人采取一个行动，每个参与人在其决策时知道以前所有的行动。斯塔克伯格博弈就是完美信息博弈。图3.1表示了一种博弈树，该博弈树假设每一个参与人只有三种可能的产出水平：3，4 和 6。树中每一分枝末端的向量分别是参与人 1 和参与人 2 的收益水平。

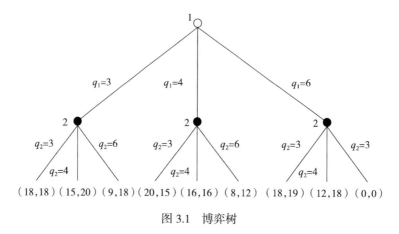

图 3.1　博弈树

### 4. 扩展式博弈中的策略和均衡

在图 3.1 的斯塔克伯格博弈中，参与人 1 拥有一个信息集和三种行动，因而他有三个纯策略。参与人 2 有三个信息集，分别对应参与人 1 的三种可能的行动，因而参与人 2 有 27 种纯策略。给定每一个参与人 $i$ 的一个纯策略，以及自然的行动概率分布，就可以计算结局的概率分布，从而对每一组 $s$ 给出期望收益 $u_i(s)$。因此，扩展式博弈的纳什均衡定义为，每一个参与人 $i$ 的策略 $s_i^*$ 在给定其竞争对手的策略 $s_{-i}^*$ 下能最大化其期望收益。

## 三、不完全信息的静态博弈

### 1. 不完全信息

如果在一个博弈中，某些参与人不知道其他参与人的收益，就称这个博弈是不完全信息博弈。

海萨尼转换：海萨尼（Harsanyi）首先提出了一种模拟和处理这类不完

全信息博弈的方法，即引入一个虚拟参与人——"自然"。"自然"首先选择参与人 1 的类型。在这个转换博弈中，参与人 2 关于参与人 1 的不完全信息就变成了关于"自然"的行动的不完美信息，从而这个转换博弈可以用标准的技术进行分析。

海萨尼的贝叶斯均衡（或贝叶斯纳什均衡）正是指不完美信息博弈的纳什均衡。

### 2. 策略和类型

在通常情况下，一个参与人的类型可能包括与其决策相关的任何私人信息（准确地说，是指不属于所有参与人共同知识的任何信息）。除了参与人的收益函数外，可能还包括他对其他参与人收益函数的判断，以及他对其他参与人判断的预测，等等。不过，如果参与人的类型过于复杂，模型就可能很难处理。在实际运用中，通常假定参与人关于对手的判断完全由他自己的收益函数决定。

海萨尼考虑了更一般的情况。假定参与人的类型 $\{\theta_i\}^I_{i=1}$ 取自某一客观概率分布 $p(\theta_i, \cdots, \theta_I)$，这里 $\theta_i$ 属于某一空间 $\Theta_i$。为简单起见，假定 $\Theta_i$ 共有 $\#\Theta_i$ 个元素。$\theta_i$ 只能被参与人 i 观察到。令 $p(\theta_{-i}|\theta_i)$ 代表给定 $\theta_i$ 时参与人 i 关于其他参与人类型 $\theta_{-i}=(\theta_1, \cdots, \theta_{i-1}, \theta_{i+1}, \cdots, \theta_I)$ 的条件概率。假定对于每一个 $\theta_i \in \Theta_i$，边际分布 $p_i(\theta_i)$ 是严格正的。

在贝叶斯博弈中，和前面描述的完全信息博弈一样，通常把博弈的外生因素如策略空间、收益函数、可能类型、先验分布等视为共同知识（即每一个参与人知道，每一个参与人知道其他参与人知道，等等）。即参与人拥有的任何私人信息都包括在他的类型中。

### 3. 贝叶斯均衡

在一个不完全信息博弈中，如果每一参与人 i 的类型 $\theta_i$ 有限，且参与人类型的先验分布为 $p$，相应纯策略空间为 $S_i$，则该博弈的一个贝叶斯均衡是其"展开博弈"的一个纳什均衡，在这个"展开博弈"中，每一个参与人 $i$ 的纯策略空间是由从 $\Theta_i$ 到 $S_i$ 的映射构成的集合 $S_i^{\Theta i}$。

给定策略组合 $s(\cdot)$，和 $s_i'(\cdot) \in S_i^{\Theta i}$，令 $[s_i'(\cdot), s_{-i}(\cdot)]$ 代表当参与人 $i$ 选择 $s_i'(\cdot)$ 而其他参与人选择 $s(\cdot)$，且令 $[s_i'(\theta_i), s_{-i}(\theta_i)] = s_1(\theta_1), \cdots, s_{i-1}(\theta_{i-1}), s_i'(\theta_i), s_{i+1}(\theta_{i+1}), \cdots, s_I(\theta_I)$ 代表策略组合在 $\theta = (\theta_i, \theta_{-i})$ 的值。那么如果对于每一个参与人 $i$ 均有

$$s(\cdot) \in \arg \max_{s_i'(\cdot) \in s_i^{\Theta i}} \sum_{\theta_i} \sum_{\theta_{-i}} p(\theta_i, \theta_{-i}) \, u_i \, [s_i'(\theta_i), s_{-i}(\theta_{-i}), (\theta_i, \theta_{-i})]$$

则策略组合 $s(\cdot)$ 是一个（纯策略）贝叶斯均衡。

贝叶斯均衡的存在性可由纳什均衡的存在性立即得到。

## 四、不完全信息的动态博弈

完全信息的动态博弈中引入的子博弈完美性的概念对于不完全信息博弈是不起作用的，即使在每一期的期末参与人都观察到了别人的行动：由于参与人不知道别人的类型，所以从某一时期的开始并不能构成一个定义良好的子博弈，除非已经给定了参与人的后验信念，因此，无法检验后续策略是否是一个纳什均衡。

"完美贝叶斯均衡"和"序贯均衡"将子博弈完美性扩展到不完全信息博弈。将子博弈完美性、贝叶斯均衡以及贝叶斯推论的思想综合起来，就得到了完美贝叶斯均衡。其中贝叶斯推论是指：给定参与人的后验概率，要求策略在每一个"后续博弈"中都能产生一个贝叶斯均衡，并且要求只要贝叶斯法则适用，信念就应该根据贝叶斯法则加以更新。序贯均衡也是类似的，但它对于参与人更新信念的方式施加了更多的限制。在序贯博弈

中，参与人的信念就像在每一个信息集中都有一个颤抖或犯错误的小概率，而且每一个信息集中的颤抖在统计上都与其他信息集中的颤抖相互独立，每一个颤抖的概率只取决于在那个信息集下可得的信息。"颤抖手完美均衡"是当颤抖趋于 0 时的带颤抖的纳什均衡的极限。颤抖手完美均衡集和序贯均衡集对于几乎所有的博弈都是重合的。

1. 贝叶斯法则

贝叶斯法则是理解贝叶斯推论和信念修正的必要基础，是人们根据新的信息从先验概率得到后验概率的基本方法。在日常生活中，当面临不确定性时，在任何一个时点上，我们对某件事情发生的可能性有一个判断，然后我们会根据新的信息来修正这个判断。统计学上，修正之前的判断称为"先验概率"（prior probability），修正之后的判断称为"后验概率"（posterior probability）。

以不完全信息博弈为例说明贝叶斯法则。假定参与人的类型是独立分布的，参与人 $i$ 有 $L$ 个可能的类型，有 $H$ 个可能的行动。用 $\theta^l$ 和 $a^h$ 分别代表一个特定的类型和一个特定的行动（因为只考虑一个参与人，省略了下标 $i$）。假定 $i$ 属于类型 $\theta^l$ 的先验概率是 $p(\theta^l) \geq 0$，$\sum_{l=1}^{L} p(\theta^l)=1$；给定 $i$ 属于 $\theta^l$，$i$ 选择 $a^h$ 的条件概率为 $p(a^h \mid \theta^l)$，$\sum_h p(a^h \mid \theta^l)=1$。那么，$i$ 选择 $a^h$ 的边缘概率是：

$$Prob\{a^h\}=p(a^h \mid \theta^l)p(\theta^l)+\cdots+p(a^h \mid \theta^L)p(\theta^L)$$
$$=\sum_{l=1}^{L} p(a^h \mid \theta^l)p(\theta^l)$$

即参与人 $i$ 选择行动 $a^h$ 的"总"概率是每一种类型的 $i$ 选择 $a^h$ 的条件概率的加权平均，权数是他属于每种类型的先验概率 $p(\theta^l)$。

那么，如果观测到了 $i$ 选择 $a^h$，$i$ 属于类型 $\theta^l$ 的后验概率是多少？

用 $Prob\{\theta^l \mid a^h\}$ 表示后验概率，即给定 $a^h$ 的情况下 $i$ 属于类型 $\theta^l$ 的概率。

根据概率公式：

$$Prob(a^h, \theta^l) \equiv p(a^h \mid \theta^l)p(\theta^l)$$

$$\equiv Prob\{\theta^l \mid a^h\}Prob\{a^h\}$$

即 $i$ 属于 $\theta^l$ 并选择 $a^h$ 的联合概率等于 $i$ 属于的 $\theta^l$ 先验概率乘以 $\theta^l$ 类型的参与人选择 $a^h$ 的概率，或等于 $i$ 选择 $a^h$ 的总概率乘以 $a^h$ 情况下 $i$ 属于 $\theta^l$ 的后验概率。因此，有

$$Prob\{\theta^l \mid a^h\} \equiv \frac{p(a^h \mid \theta^l)p(\theta^l)}{Prob\{a^h\}}$$

$$\equiv \frac{p(a^h \mid \theta^l)p(\theta^l)}{\sum_{l=1}^{L} p(a^h \mid \theta^l)p(\theta^l)}$$

这就是贝叶斯法则。

2. 多阶段不完全信息博弈的完美贝叶斯均衡

对于可观察行动不完全信息多阶段博弈，每个参与人 $i$ 在有限集合 $\Theta_i$ 中都有一个类型 $\theta_i$。令 $\theta \equiv (\theta_1, \cdots, \theta_I)$，假定类型之间是相互独立的，则先验分布 $p$ 是各边缘分布的积，即

$$p(\theta) = \prod_{i=1}^{I} p_i(\theta_i)$$

其中，$p_i(\theta_i)$ 是参与人 $i$ 类型为 $\theta_i$ 的概率。在博弈之初，每个参与人都知道自己的类型但不知道对手的类型。

这些博弈在时期 $t=0, 1, 2, \cdots, T$ 进行，并且在每一时期 $t$，所有参与人同时选择一个行动，这些行动在该期期末会显示出来。参与人从未获得对于 $\theta$ 的进一步观察。为了使公式简洁，假定每个参与人在每一期的行动集与类型是无关的。令 $a_i^t \in A_i(h^t)$ 表示参与人 $i$ 在时间 $t$ 的行动，$a^t = (a_1^t, \ldots, a_I^t)$ 是时间 $t$ 时的行动向量。并令 $h^t = (a^0, \ldots, a^{t-1})$ 表示时间 $t$ 之初的历史。一个行为策略将可能的历史和类型集映射到行动空间上：$\sigma_i(a_i \mid$

$h^t$，$\theta_i$）是给定 $h^t$ 和 $\theta_i$ 时 $a_i$ 的概率。参与人 $i$ 的收益是 $u_i$（$h^{T+1}$，$\theta$）。

为将子博弈完美性的概念扩展到这些博弈上，需要策略产生一个贝叶斯纳什均衡，不仅对于整个博弈是如此，而且对于从每一个时期 $t$ 开始的每个可能的历史 $h^t$ 之后的"后续博弈"都是如此。为使后续博弈转换成真正的博弈，在每个后续博弈的一开始设定参与人 $i$ 的信念。将参与人 $i$ 在对手类型是 $\theta_{-i}$ 时的条件概率表示为 $\mu_i(\theta_{-i}|\theta_i,\ h^t)$，并假定对于所有的参与人 $i$、时间 $t$、历史 $h^t$ 和类型 $\theta_i$ 都有定义。

为了对参与人 $i$ 的信念施加限制，对于具有独立类型的不完全信息博弈的经济学应用通常做出如下假设：

B(i) 后验信念是互相独立的，且参与人 $i$ 的所有类型都具有相同的信念：对于所有的，$t$ 和 $h^t$，

$$\mu_i\ (\theta_{-i}\mid h^t)= \prod_{j\neq i} \mu_i\ (\theta_j \mid h^t)$$

B(i) 要求甚至未预料到的观察也不会让参与人 $i$ 相信其对手的类型之间是相关的。

B(ii) 只要可能，就用贝叶斯法则将信念 $\mu_i(\theta_j\mid h^t)$ 更新到 $\mu_i(\theta_j\mid h^{t+1})$：对于所有的 $i$，$j$，$h^t$ 和 $a_j^t\in A_j(h^t)$，如果存在 $\hat{\theta}_j$，有 $\mu_i(\hat{\theta}_j\mid h^t)>0$ 和 $\sigma_j(a_j^t\mid h^t,\hat{\theta}_j)>0$，即给定 $h^t$ 时参与人 $i$ 赋予 $a_j^t$ 以正的概率，则对于所有的 $\theta_j$，

$$\mu_i[\theta_j\mid (h^t,a^t)]=\frac{\mu_i\ (\theta_j\mid h^t)\ \sigma_j\ [a_j^t\mid (h^t,\theta_j)]}{\sum_{\tilde{\theta}_j}\mu_i\ (\tilde{\theta}_j\mid h^t)\ \sigma_j\ [a_j^t\mid (h^t,\tilde{\theta}_j)]}$$

这一假设的目的是：如果 $\mu_i(\cdot\mid h^t)$ 代表参与人 $i$ 在给定 $h^t$ 时的信念，且在时间 $t$ 没有什么"奇怪"的事情发生，则参与人 $i$ 就应该使用贝叶斯法则形成它在时期 $t+1$ 的信念。

B(iii) 对于所有的 $h^t$，$I$，$j$，$\theta_j$，$a^t$ 和 $\hat{a}^t$，$\mu_i[\theta_j\mid (h^t,a^t)]=\mu_i[\theta_j\mid (h^t,\hat{a}^t)]$，如

果 $a_j^t = \hat{a}_j^t$，这个条件是说，即使参与人 $j$ 在 $t$ 期不偏离，更新过程也不应该受其他参与人行动的影响，可以称为"不传递任何关于你所不知道的事情的信号"。

B(iv) 对于所有的 $h^t$，$\theta_k$ 及 $i \neq j \neq k$，$\mu_i(\theta_k \mid h^t) = \mu_j(\theta_k \mid h^t) = \mu(\theta_k \mid h^t)$ 这个条件假设，当类型是互相独立时，参与人 $i$ 和 $j$ 对于第三个参与人 $k$ 的类型应具有相同的信念。这意味着后验信念与给定 $h^t$ 时在 $\Theta$ 上的共同联合分布时一致的，即有 $\mu(\theta_{-i} \mid h^t)\mu(\theta_i \mid h^t) = \mu(\theta \mid h^t)$ 这个限制缩小了均衡结果。

有了满足 B(i)~B(iv) 的策略 $\sigma$ 和信念 $\mu$，扩展子博弈完美均衡的一个自然的方式就是，要求对于任何的 $t$ 和 $h^t$，所有从 $h^t$ 开始的策略都是后续博弈的贝叶斯均衡。即，给定概率分布 $q$ 和历史 $h^t$，令 $u_i(\sigma \mid h^t, \theta_i, q)$ 表示类型 $\theta_i$ 在达到 $h^t$ 的条件下在组合 $\sigma$ 中的期望收益。相关条件如下：

(P) 对于每一个参与人 $i$，类型 $\theta$，参与人 $i$ 的其他策略 $\sigma_i'$，以及历史 $h^t$，

$$u_i[\sigma \mid h^t, \theta_i, \mu(\cdot \mid h^t)] \geq u_i[(\sigma_i', \sigma_{-i}) \mid h^t, \theta_i, \mu(\cdot \mid h^t)]$$

定义：一个完美贝叶斯均衡是一个（$\sigma$，$\mu$），满足 P 和 B(i)~B(iv)。

3. 序贯均衡

在完美贝叶斯博弈中，参与人的策略在每一个（恰当）子博弈中都构成纳什均衡，这个要求还是太弱，因为在不完全或不完美信息博弈中几乎没有什么（恰当的）子博弈。对条件 P 的适当扩展是，给定信念体系，任何参与人在任何信息集都无法通过偏离而获得收益：

(S) 如果对于任何信息集 $h$ 和可选的策略 $\sigma_{i(h)}'$ 都有

$$u_{i(h)}[\sigma \mid h, \mu(h)] \geq u_{i(h)}[(\sigma_{i(h)}', \sigma_{-i(h)}) \mid h, \mu(h)]$$

那么一个评估（$\sigma$，$\mu$）是序贯理性的。

参与人相信他们的对手在每个信息集都将遵守 $\sigma$（包括那些如果所有人都遵照 $\sigma$ 则不会达到的信息集）。对于多阶段博弈，条件 S 等价于条件 P。

对于均衡路径之外的信息集上的信念应该加上什么条件，Kreps 和 Wilson（1982）[1]引入了一致性的概念。

令 $\sum^0$ 表示所有完全混合的（行为）策略，即组合 $\sigma$ 所构成的集合，其中 $\sigma$ 满足对于所有的 $h$ 和 $a_i \in A(h)$ 都有 $\sigma_i(a_i \mid h)>0$。则对于所有节点 $x$ 都有 $P^\sigma(x)>0$。令 $\Psi^0$ 表示所有评估（$\sigma$, $\mu$）的集合，使得 $\sigma \in \sum^0$ 且 $\mu$ 可用贝叶斯法则从 $\sigma$ 中（唯一地）加以定义。

(C) 如果对于 $\Psi^0$ 中的某个序列（$\sigma^n$, $\mu^n$）有

$$(\sigma,\mu)=\lim_{n \to +\infty} (\sigma^n,\mu^n)$$

则一个评估（$\sigma$, $\mu$）是一致的。

策略 $\sigma$ 不一定是完全混合的，然而它们和信念可以看成是完全混合策略和相关信念的极限。对于多阶段博弈，条件 C 就意味着条件 B。

定义：一个序贯均衡是一个满足条件 S 和 C 的评估（$\sigma$, $\mu$）。

序贯均衡的性质：对于任何有限的扩展式博弈，都至少存在一个序贯均衡。就像纳什均衡映射一样，序贯均衡映射对于收益是上半连续的。对于一般性的（即一般的终点收益）完美回忆的有限扩展式博弈，在终点节点上序贯均衡的概率分布集是有限的。当加入一个显然无关的行动或者策略时，序贯均衡集可能会发生变化。

4. 颤抖手完美均衡

泽尔滕（Selten）的颤抖手完美均衡概念与序贯均衡的概念是紧密相关的。完美均衡要求策略是完全混合策略的极限，而且对于收敛序列中的每一个纯策略都必须赋予一个至少是最小的权重（必须颤抖）。在这个条件下，每个参与人的策略相对于其对手的策略（这些策略本身也包括颤抖）

① Kreps, D., and R. Wilson. 1982. Sequential equilibrium. Econometrica 50: 863–894.

而言是（在受约束的条件下）最优的。因而，与序贯均衡的区别在于策略必须沿着收敛子列一直处于均衡，而不仅仅是在极限时才处于均衡。这一区别只给出了一个很小的差异，因为序贯均衡集与完美均衡集"对几乎所有的博弈"来说都是重合的。

在策略式中的完美性并不意味着子博弈完美性，泽尔滕引入了代理人策略式以排除子博弈不完美的均衡。

一个策略式的策略组合 $\sigma$ 是一个完美均衡，对于所有的 $i$ 存在一个完全混合策略组合的序列 $\sigma^n \to \sigma$，使得对于所有的 $s_i \in S_i$ 都有 $u_i(\sigma_i, \sigma_{-i}^n) \geq u_i(s_i, \sigma_{-i}^n)$。其中 $\sigma_i$ 是对某个序列 $\sigma_{-i}^n$ 的最优反应，而不一定是对所有收敛到 $\sigma_{-i}$ 的序列的最优反应。

颤抖是一种技术性的设置，并不是试图用它们来模型化实际的"错误"。在代理人策略式中每个信息集是由一个不同的"代理人"进行"选择"的，而且在信息集 $h$ 行动的代理人在终点节点上所具有的收益与原博弈中在 $h$ 行动的参与人 $i(h)$ 的收益是一样的。在一个扩展式博弈的代理人策略式中，一个颤抖手完美均衡是对应的扩展式颤抖手完美均衡。

在有限博弈中，至少存在一个在代理人策略式下的颤抖手完美均衡。一个完美均衡是序贯的，但反之不一定成立；然而，对于一般博弈来讲，这两个概念是重合的。

# 第三节　机制设计和显示原理

## 一、机制设计的一般性问题

机制设计是一类特殊的不完全信息博弈，其显著特征是假定委托人选择一种使其期望效用最大化的机制，而不是由于历史或制度的原因来选择一种特定机制。机制设计的例子包括垄断差别定价、最优税制、拍卖设计、公共产品供给等。

机制设计的很多运用都是考虑单一代理人的博弈，这类单一代理人模型也适用于代理人类型服从连续分布，但每一类代理人只与委托人发生相互作用，而各类代理人之间无任何相互作用时的情形。在非对称信息的情况下对自然垄断的管制中，政府对被管制企业（代理人）的成本结构拥有不完全信息。政府设计一个激励方案，以便根据被管制企业的成本或价格（或两者同时）来确定对被管制企业的转移收益。在最优税收的研究中，政府通过对消费者征税来提供公共产品。最优税收水平依赖于消费者的挣钱能力。如果政府知道消费者的这一能力，它就可以向消费者征收与能力相关一次性税收而不改变消费者的劳动供给。如果政府对消费者的能力拥有不完全信息，它就只能根据消费者的实际收入来征税。所得税方案可以看作是一种激励消费者如实反映其能力的信息诱导机制。

机制设计还适用于多代理人的博弈。在公共产品供给问题中，政府必须决定是否供给公共产品，但不知道该产品对消费者的价值。政府可以设计一种方案以确定公共产品的供给及消费者愿意为公共产品支付的转移收益。在拍卖设计中，卖方为潜在买方组织一项拍卖，由于不知道买方的意愿支付，卖方要设计一种机制以确定售价和购买方。在双边交易中，仲裁人要为对生产成本拥有私人信息的卖方和对意愿支付拥有私人信息的买方设计一种交易机制。

机制设计是典型的三阶段不完全信息博弈，这里代理人的类型，即意愿支付是私人信息。在第一阶段，委托人设计一种"机制""契约"或"激励方案"。一种机制就是一个博弈，在这个博弈中，代理人发出无成本的信息，"配置"的结果则依赖于实际发出的信号。在第二阶段，代理同时接受或拒绝该机制。拒绝的代理人得到某个外生的"保留效用"。在第三阶段，接受该机制的代理人在该机制下选择自己的博弈行动。

由于机制设计博弈可以有多个阶段，多阶段完全信息博弈的纳什均衡和子博弈完美均衡的区别表明在这里贝叶斯均衡的概念可能太弱。但是，一个简单但非常根本的被称为"显示原理"的结论表明，为了获得最高期望收益，委托人可以只考虑在第二阶段被所有代理人接受并且在第三阶段使所有代理人同时如实显示其类型的机制。这表明委托人可以通过代理人之间的静态贝叶斯博弈获得自己的最高期望收益。

假定有 $I+1$ 个参与人：一个没有私人信息的委托人（参与人 0），$I$ 个代理人（$i=1$，$\cdots$，$I$），其类型为 $\theta=(\theta_1$，$\cdots$，$\theta_I)$，$\theta$ 属于某个集合 $\Theta$。委托人的目标是，设计一个机制以确定一个配置 $y=\{x, t\}$。该配置包括一个属于非空的紧的凸集上的被称为决策的向量 $x$，以及从委托人向代理人的货币转移收益向量 $t=(t_1$，$\cdots$，$t_I)$（可能为正，也可能为负）。一般假定 $X$ 充分大，从而肯定存在内点解。

参与人 $i$（$i=0, 1$，$\cdots$，$I$）有一个冯·诺伊曼 – 摩根斯坦效用函数 $u_i(y, \theta)$。假定 $u_i$（$i=1$，$\cdots$，$I$）是 $t_i$ 的严格增函数，$u_0$ 是每一个 $t_i$ 的减函数，且 $u_i$ 是二次连续可微函数。

给定一个（类型相依）配置 $\{y(\theta)'\}_{\theta \in \Theta}$，$\theta_i$ 型代理人 $i$（$i=1$，$\cdots$，$I$）的期望效用为：

$$U_i(\theta_i) \equiv E_{\theta_{-i}}\{u_i(y(\theta_i, \theta_{-i}), \theta_i, \theta_{-i}) \mid \theta_i\}$$

委托人的效用为：

$$E_\theta u_0(y(\theta), \theta)$$

代理人 $i$ 的效用只取决于他自己的转移支付 $t_i$ 和类型 $\theta_i$，而与 $t_{-i}$ 和 $\theta_{-i}$ 无关。

最优机制是委托人在满足代理人的个人理性和激励相容约束条件下选择 $x(\cdot)$，$t(\cdot)$，使自己的期望效用最大。

## 二、显示原理

显示机制是指委托人可以只考虑"直接"显示机制（博弈）。在这种直接显示机制博弈中，信号空间就是类型空间。无论何种类型的代理人都在博弈的第二阶段接受该机制，且在第三阶段代理人同时如实地报出自己的信息。

定义：假定一种机制（博弈），其信号空间为 $M_i$，配置函数为 $y_m(\cdot)$，且存在贝叶斯均衡：

$$\mu^*(\cdot) \equiv \{\mu_i^*(\theta_i)\}_{\substack{i=1,\cdots,J \\ \theta_i \in \Theta_i}}$$

则存在一种直接显示机制（即，$\bar{y} = y_m \circ \mu^*$），使得信号空间等价于类型空间 $(\bar{M}_l = \Theta)_i$，且使得该机制存在一个贝叶斯均衡：所有代理人在第二阶段接受该机制，在第三阶段如实报告自己的类型。

## 三、单个代理人的机制设计

只考虑单个代理人的情况下，省去转移支付（$t$）和类型（$\theta$）的下标，假定代理人的类型属于区间 $[\underline{\theta}, \overline{\theta}]$。代理人知道 $\theta$，委托人具有先验（估计）累积分布函数 $P[P(\underline{\theta})=0, P(\overline{\theta})=1]$ 和可微密度函数 $p(\theta)$，使得对所有的 $\theta \in [\underline{\theta}, \overline{\theta}]$，$p(\theta)>0$。类型空间是一维的，但决策空间可能是多维的。一个（类型相依）配置是从代理人的类型到配置空间上的函数：

$$\theta \rightarrow y(\theta) = [x(\theta), t(\theta)]$$

如果存在一个转移支付函数 $t(\cdot)$，使得对于任意 $\theta \in [\underline{\theta}, \overline{\theta}]$，配置 $y(\theta) = [x(\theta), t(\theta)]$ 满足激励相容约束：

(IC) $u_1(y(\theta), \theta) \geqslant u_1(y(\hat{\theta}), \theta), \forall(\theta, \hat{\theta}) \in [\underline{\theta}, \overline{\theta}] \times [\underline{\theta}, \overline{\theta}]$

则决策函数 $x{:}\theta \rightarrow \mathfrak{X}$ 是可实施的；如果决策函数是可实施的，则配置 $y(\cdot)$ 是可实施的。$\hat{\theta}$ 是代理人报告的类型。

如果 $x(\cdot)$ 可以通过转移支付 $t(\cdot)$ 实施，则存在一个代理人选择 $x$ 而非报告自己类型的"间接"或"财政"机制 $t=T(x)$，使得最终配置相同。考虑如下方案：

$$T(x) \equiv \begin{cases} t & \text{如果存在}\ \hat{\theta}\ \text{使得}\ t=t(\hat{\theta})\ \text{和}\ x=x(\hat{\theta}) \\ & （\text{如果有多个这样的}\ \hat{\theta}，\text{任选其一}） \\ -\infty & \text{其他} \end{cases}$$

选择一个 $x$ 实际上就是选择一个 $\hat{\theta}$。

如果一个可实施配置满足个人理性约束，则称之为可行配置；委托人的问题是选择具有最高期望收益的可行配置。

保留效用 $\underline{u}$ 与类型无关，参与约束（个人理性约束）为：

(IR) 对所有的 $\theta$，$u_1(x(\theta), t(\theta), \theta) \geq \underline{u}$ 为方便应用，标准化 $\underline{u}$，使 $\underline{u}=0$。

委托人在满足代理人的个体理性和激励相容约束条件下选择 $x(\cdot)$，$t(\cdot)$，使自己的期望效用最大化：

$$\max_{\{x(\cdot),\, t(\cdot)\}} E_\theta u_0(x(\theta), t(\theta), \theta)$$

s.t.  $x \in \mathfrak{X}$

(IC) 对所有的 $(\theta, \hat{\theta})$，$u_1(x(\theta), t(\theta), \theta) \geq u_1(x(\hat{\theta}), t(\hat{\theta}), \theta)$

(IR) 对所有的 $\theta$，$u_1(x(\theta), t(\theta), \theta) \geq \underline{u}=0$ 由于转移支付对委托人是有成本的，因此 IR 必然在 $\theta=\underline{\theta}$ 处取等号，即

(IR') $u_1(x(\underline{\theta}), t(\underline{\theta}), \underline{\theta})=\underline{u}=0$。

## 四、具有多个代理人的机制设计

多代理人的机制设计包括"自利"委托人与使代理人的福利之和最大

化的"利他"委托人的最优机制。

1. 基本假设

B1 类型是一维的，且服从 $[\underline{\theta}_i, \overline{\theta}_i]$ 上的独立分布 $P_i$，其密度函数 $p_i$ 是严格正的可微函数。分布函数是共同知识。

B2（私人价值）代理人 $i$ 的偏好只依赖于其决策和他自己的类型及转移支付：$u_i(x, t_i, \theta_i)$

B3 偏好是拟线性的：

$$u_i(x, t_i, \theta_i) = V_i(x, \theta_i) + t_i, i \in \{1, \cdots, I\}$$

且以下两式有（且仅有）一个成立：

$$u_0(x, t, \theta) = V_0(x, \theta) - \sum_{i=1}^{I} t_i \qquad （自利的委托人）$$

或

$$u_0(x, t, \theta) = \sum_{i=0}^{I} V_i(x, \theta) \qquad （利他的委托人）$$

其中 $V_0(x, \theta) = B_0(x, \theta) - C_0(x)$，$C_0(x)$ 是委托人在决策 $x$（如公共产品供给）下的货币成本，$B_0(x, \theta)$ 是非货币收益（如决策在其他市场带来的收益）。

如果对于每一个 $\theta$，$x(\theta) \in \mathfrak{X}$ 且

(E) 对所有的 $\theta$，$x(\theta)$ 是 $\max \sum_{i=0}^{I} V_i(x, \theta)$ 在 $\mathfrak{X}$ 上的解则一个分配是 $y(\cdot)$（事后）有效率的。

B4 假定 Vi 通过一个一维随机变量 $h_i(x)$ 依赖于 $x$，有

$$u_i(x, t, \theta) = V_i(h_i(x), \theta_i) + t_i$$

B5 参与人 $i$ 的类型分布 $P_i(\cdot)$ 满足单调似然率条件（$\dfrac{p_i}{1-P_i}$ 非减），偏好满足分离假设 $\dfrac{\partial^2 V_i}{\partial \theta_i \partial h_i} \geq 0$ 及条件 $\dfrac{\partial^2 V_i}{\partial \theta_i \partial h_i}$ 随 $\theta_i$ 递减。

2. 可实施配置

在上述假设下，如果一个配置使委托人的期望效用

$$E_\theta \left[ V_0(x, \theta) - \sum_{i=1}^{I} t_i(\theta) \right]$$

在贝叶斯激励相容约束

(IC) $E_{\theta_{-i}} u_i(y(\theta_i, \theta_{-i}), \theta_i) \geq E_{\theta_{-i}} u_i(y(\hat{\theta}_i, \theta_{-i}), \theta_i)$, $\theta_i$ 和个人理性约束

(IR) 对所有的 $\theta_i$, $E_{\theta_{-i}} u_i(y(\theta_i, \theta_{-i}), \theta_i) \geq 0$ 下最大化，则该配置是优势策略可实施的。委托人的问题是选择具有最高期望收益的可行配置。

# 第四节　不确定情况下的激励契约

## 一、委托 – 代理问题

静态的双边缔约问题是信息不对称情况下最简单的一种契约问题，可分为两大类：一类是隐藏信息问题（又称逆向选择），一类是隐藏行动问题（又称道德风险）。一般情况下，将道德风险问题归纳为一个委托 – 代理关系的契约问题。

1. 隐藏信息（逆向选择）

逆向选择问题根据提出契约的一方有无信息，可以进一步分为信息甄别模型和信号发送模型。信息甄别模型由不具有信息的一方提出合同菜单，以甄别具有信息一方的不同类型，这是一个机制设计问题。解决此类问题的困难是委托人有多种机制可选择，通过显示原理可克服这个困难，即只考虑能够诱使代理人说真话的合同，就可以实现其他复杂合同能够实现的结果。因此，最优信息甄别合同问题就简化成了一个增加了激励相容约束的标准合同问题。它的解是次佳的。因为，为了甄别，必须向高能力代理人支付信息租金，而为了减少租金支付，就会产生配置扭曲。这就是效率

和租金抽取的权衡。

信号发送模型考虑有私人信息的一方，通过合同的提供或签约阶段前的可观察行动，来传递部分私人信息给另一方的情况。信号发送问题的经典例子是 Spence 的教育信号模型。教育信号模型的基本框架是一个竞争性的劳动力市场，其中企业不完全了解它们所雇佣的工人的生产力水平。在缺乏工人生产力信息的情况下，竞争性工资只能反映期望的生产力水平，结果造成低生产力工人的工资被过度支付，而高生产力工人的工资支付不足。在这种情况下，高生产力工人有试图向企业展示（传递）其生产力水平的激励。有信息委托人问题提出了新的概念性困难，因为，通过传递新的信息给代理人，有信息委托人的行动改变了代理人对委托人的类型的信念，为了决定均衡行动，需要理解代理人的信念是如何受这些行动影响的。

2. 隐藏行动（道德风险）

对于道德风险问题的分析，基本的框架是一个委托人和一个代理人之间的契约问题：委托人雇佣代理人完成一项任务；代理人选择他的"努力强度"，这会影响到"绩效"$q$；委托人只关心"绩效"；但努力对代理人来说是有成本的，因此委托人必须补偿代理人努力的成本；如果努力是不可观察的，则委托人最好的做法就是将薪酬与绩效联系起来；这个薪酬计划在某些典型的情况下会带来损失，因为绩效只是努力的一个带噪音的信号。

委托－代理问题比较著名的应用研究包括：道德风险下的保险理论，管理者企业理论，地主和佃农之间的最优分成合同，效率工资理论，会计理论。其中每一个应用都考虑了特定的委托－代理模型。需要指出的是，基本的委托－代理问题虽然有一个相当简单的结构，但是难以得到一般性的结论。

令绩效 $q=Q(\theta, a)$，$\theta \in \Theta$ 是表示自然状态的随机变量，$a \in A$ 表示代理人的努力行动。委托人可能是风险厌恶的，并且有效用函数：

$$V(q-w)$$

这里 $V'(\cdot)>0$ 且 $V'' \leqslant 0$。代理人是风险厌恶的，并且会产生私人的努力成本，他的效用函数取一般的可分形式：

$$u(w)-\psi(a)$$

这里 $u'(\cdot)>0$，$u''(\cdot) \leqslant 0$，$\psi'(\cdot)>0$，$\psi''(\cdot) \geqslant 0$。以代理人的行动选择为条件的产出的概率分布函数来形式化最优合同是方便的，假定绩效是一个服从累计分布函数 $F(q \mid a)$ 的随机变量 $q \in [\underline{q}, \bar{q}]$，记 $f(q \mid a)$ 表示 $q$ 的条件密度，则委托－代理问题可写为：

$$\max_{\{w(q), a)\}} \int_{\underline{q}}^{\bar{q}} V[q-w(q)]f(q \mid a)\mathrm{d}q$$

s.t.

(IR) $\int_{\underline{q}}^{\bar{q}} u[w(q)]f(q \mid a)\mathrm{d}q-\psi(a) \geqslant \bar{u}$

(IC) $a \in \arg\max_{\hat{a}\in A} \int_{\underline{q}}^{\bar{q}} u[w(q)]f(q \mid \hat{a})\mathrm{d}q-\psi(\hat{a})$

另一种等价的表述为"状态空间模型化方法"：

$$\max_{a, s(x)} \int v\{q(a, \theta)-w[x(a, \theta)]\}p(\theta)\mathrm{d}\theta$$

s.t. (IR) $\int_{\underline{\theta}}^{\bar{\theta}} u\{w[x(a, \theta)]\}p(\theta)\mathrm{d}\theta-\psi(a) \geqslant \bar{u}$

(IC) $a \in \arg\max_{\hat{a}\in A} \int_{\underline{\theta}}^{\bar{\theta}} u\{w[x(a, \theta)]\}p(\theta)\mathrm{d}\theta-\psi(a)$

## 二、有效率的协商过程

委托人通过合同设计，创造了一个博弈环境，其中不可避免地带有关于代理人如何博弈的不确定性。但是，即便博弈方如何行动具有不确定性，毫无疑问的是他们都试图做出最优反应。因此可以认为，参加合同的代理人的博弈结果是某个纳什均衡或者（不完全信息的）贝叶斯均衡。如果买卖双方是在知道自己实际的成本和估价前就缔结合约的，那么事前的个人理性约束就是重要的。当事前的理性约束相关时，即使存在有关成本和估价的双重信息不对称，有效率的交易总是能实现的。

考虑在缔约过程中只有单一买方和卖方的情形。卖方有一个单位的商品待售，且对单位供给成本 $c$ 拥有私人信息。具有单位需求的买方对自己的支付意愿或商品价值 $v$ 拥有私人信息。因此，$\theta_1 \equiv c$，$\theta_2 \equiv v$，$\theta \equiv (c, v)$，$c$ 和 $v$ 分别取自 $[\underline{c}, \overline{c}]$ 和 $[\underline{v}, \overline{v}]$ 上具有严格正的密度 $p_1(\cdot)$ 和 $p_2(\cdot)$ 的累积分布函数 $P_1(\cdot)$ 和 $P_2(\cdot)$。买卖双方都是风险中性的。

给定交易双方的类型分别为 $c$ 和 $v$，及买方对卖方的转移支付 $w(c, v)$，一种预算平衡机制等价于一个商品交易的概率 $x(c, v) \in [0,1]$。令

$$X_1(c) \equiv E_v x(c, v) \qquad\qquad X_2(v) \equiv E_c x(c, v)$$

$$W_1(c) \equiv E_v w(c, v) \qquad\qquad W_2(v) \equiv E_c w(c, v)$$

$$U_1(c) \equiv -cX_1(c)+W_1(c) \qquad\qquad U_2(v) \equiv vX_2(v)-W_2(v)$$

如果对所有的 $c$ 和所有的 $v$，$U_1(c) \geq 0$ 和 $U_2(v) \geq 0$，则该机制是个体理性的。如果对所有的 $(c, \hat{c})$，$U_1(c) \geq -cX_1(\hat{c})+W_1(\hat{c})$ 和对所有的 $(v, \hat{v})$，$U_2(v) \geq vX_2(\hat{v})+W_2(\hat{v})$，则该机制是激励相容的。

假定买卖双方对是否成交以及以何价格成交进行协商。协商过程可以是同时密封竞价拍卖，也可以是更复杂的轮流出价博弈。只要交易双方具有相同的时间偏好，协商过程的任何（贝叶斯）均衡都能够获得一个配置，该配置能被满足条件 IC 和 IR 的机制设计所解释。

## 三、拍卖

1. 最优拍卖机制的基本思想

一个自利的委托人将商品出售给几个代理人之一，这几个代理人对自己的意愿支付拥有私人信息。

假定一个卖方（委托人）有 $\hat{x}$ 单位的商品待售。有 $I$ 个潜在的买方（代理人）：$i=1$，$\cdots$，$I$。所有参与方都具有拟线性偏好：

$$u_i=V_i(x_i, \theta_i)+t_i, \quad i=0,1,\cdots,I$$

其中 $x_i \in [0, \hat{x}]$ 是第 $i$ 方的消费数量，$t_i$ 是他的收入（在本节中 $t_0=-\sum_{i=1}^{I} t_i$）。

假定 $V_i$ 是 $X_i$ 的增函数，且分离条件成立：

$$\frac{\partial^2 V_i}{\partial x_i \partial \theta_i} \geqslant 0$$

也就是说，商品的边际效用是 $\theta_i$ 的增函数。

卖方的参数 $\theta_0$ 是共同知识，买方的类型 $\theta_i$ 是取自 $[\underline{\theta}, \overline{\theta}]$ 上具有严格正的密度 pi(·) 的独立累积分布 Pi(·)。卖方的目的是使他的期望（净）收入最大化：

$$R=E_\theta [V_0 \left( \hat{x}- \sum_{i=1}^{I} x_i(\theta), \theta_0 \right) - \sum_{i=1}^{I} t_i(\theta)]$$

使得

(IC) 对所有的 $(i, \theta, \hat{\theta})$，$E_{\theta_{-i}} [V_i(x_i(\theta_i, \theta_{-i}), \theta_i)+t_i(\theta_i, \theta_{-i})]$

$\geqslant E_{\theta_{-i}} [V_i(x_i(\hat{\theta}_i, \theta_{-i}), \theta_i)+t_i(\hat{\theta}_i, \theta_{-i})]$

(IR) 对所有的 $(i, \theta)$，$E_{\theta_{-i}} [V_i(x_i(\theta_i, \theta_{-i}), \theta_i)+t_i(\theta_i, \theta_{-i})] \geqslant 0$ 和对所有的 $\theta$，$x_i(\theta) \geqslant 0$ 且 $\sum_{i=1}^{I} x_i(\theta) \leqslant \hat{x}$。

最优拍卖机制定义了一种商品配置 $x_i(\cdot)$ 使得 $R$ 在满足代理人的激励相

容条件下达到最大。

2. 几种常见的拍卖

在实践中，运用拍卖激励理论设计实际的拍卖规则并非易事，需要考虑大量的细节，多数拍卖组织者从下述四种常见的拍卖方式中选择。

英式拍卖：在拍卖的任何阶段，每一个买方的策略是宣布一个比之前所有公开价格都要高的价格、保持沉默或者退出拍卖。当不再出现新的报价时，拍卖就此结束。只要最高报价大于卖方设定的保留价格，商品就会按这个最高价出售给该最高价的投标人。即使从许多角度看这已经是一个相当简单的拍卖，但有时候再进一步简化它的交易规则并引入一位不断提高竞价的拍卖人是非常有用的。这样，买方的行动就简化为"继续"或者"退出"。

荷兰式拍卖：在荷兰式拍卖博弈中，拍卖人首先以一个非常高的要价开始拍卖，并逐步降低该要价，直到出现一个买方接受的要价，这个过程才结束。如同简化的英式拍卖，投标人只有两个策略："结束"或者"继续"。第一个结束该过程的买方将以拍卖人最后提出的要价获得拍卖商品。

维克瑞（Vickrey）拍卖：所有的买方同时报出一个价格，并把各自的价格密封在一个信封里。拍卖人汇总所有的出价，并把商品按第二高的报价出售给出价最高的投标人，只要第二高的价格大于保留价格即可。如果第二高的价格低于允许的最低出价，出价最高的投标人将以保留价格获得该商品。如果有两人或更多人提出最高的出价，那么拍卖商品就会按最高的出价随机分配给他们中的某一个人。在这种拍卖中，买方的策略仅仅是报价。

一级密封价格拍卖：此处，所有的交易规则都与维克瑞拍卖一致，只是拍卖商品是按最高的报价出售的。

理论研究表明，在买方风险中性和独立估价的假设下，只要设定恰当的保留价格，前述四种拍卖方式都是最优的。在考虑买方风险厌恶的情况下，在英式拍卖和维克瑞拍卖中，买方的竞价行为不受其风险态度的影响，所以卖方的期望收益与买方的风险厌恶态度无关。此时，荷兰拍卖和一级密封价格拍卖比英式拍卖和维克瑞拍卖实现更高的期望收益，卖方通过向参与拍卖的投标人索取费用，可以从厌恶风险的买方那里获得更高的期望收益。

3. 规则设计

最令人满意的拍卖设计是，使得拍卖的每个参与方都有唯一的占优策略，并达到价值最大化。对于这样的拍卖，博弈结果是容易预测的，即唯一的占优策略均衡。如果某些拍卖方式能达到这样的有效率的结果，那么这是最理想的设计拍卖的方法。但是，如果拍卖中的博弈各方有唯一的占优策略时不能达到最优资源配置，那么考虑一个更大范围的合同集合就是比较合理的，此时博弈的结果不确定，但很可能更有效率。

面向现实拍卖的需求，运用机制设计理论对已有拍卖方式进行改进或创新，是在实践中设计拍卖规则的有效方法。维克瑞（1961）在研究、比较了英式拍卖、荷兰式拍卖、一级密封价格拍卖在资源配置中的效率后，对一级密封价格拍卖的支付规则进行了调整，提出了维克瑞拍卖，并证明了维克瑞拍卖在某些环境下较前述三种拍卖方式能够明显的提高资源配置的效率。Milgrom（2017）在对维克瑞拍卖的优势进行深入论证的基础上，结合背包问题、价格递增拍卖、价格递减拍卖的特征，为美国联邦通信委员会的频道拍卖设计了新的"激励性拍卖"规则。

维克瑞拍卖的优势和 Milgrom 设计新的"激励性拍卖"规则时的分析思路，可以作为在其他环境下实现从机制设计到规则设计的重要参考。维克瑞拍卖是一种"直言机制",这是指它要求投标者报告其所知的信息,即报告他们的"类别"。维克瑞拍卖的一个优势是,无论其他投标者会报告什么,自己诚实地报告永远是最优的,具有该特性的拍卖被视为具有反谋略特征。使维克瑞拍卖能反谋略的神奇之处在于其支付方式,即按报价来决定支付,拍卖品归于报价最高者,但价格被定在次高报价上。就执行最大化决策的反谋略拍卖而言,在某些环境类型中维克瑞支付是唯一与之一致的机制,Milgrom 就此开展论证,证明了对任何配置规则,最多存在一种支付规则使直言机制是反谋略的。

在实际的拍卖设计中,创建投标者能够理解并吸引投标者参与的规则、计算的复杂性、投标者对个人信息的保密要求等也是需要考虑的问题。

# 第五节　基于契约理论的油气资源开发特征分析

## 一、地质信息的不确定性和储量分布描述

油气田的储量规模是影响油气资源开发机制设计和石油合作中各方利益的基本因素之一,但是在石油合作合同设计和谈判过程中,储量规模[①]不能确定。储量规模根据地质信息估算,估算结果不是一个确定值,在实践中通常用对数正态分布的参数表示。地质信息是影响储量评估的最直接因素,地质信息的准确性受到勘探方法、勘探方案等因素的影响,随着勘探投资的增加,所获得的有效地质信息也会增加。一般情况下,地质信息越详细,储量估算结果与真实值越接近,需要的勘探投资也越多。

---

① 本书中的涉及的储量均为"可采储量",即"在当前的经济条件下,利用已有的现代化技术进行开采能够获得商业利润的已探明储量。"

油气资源的地理位置、储量规模通过地质信息进行评估，在不同的阶段，获取地质信息的方法不同，评估结果的精度不同。富油盆地是石油勘探的最基本单元，在广阔的富油盆地上，运用地球物理勘探学的重力、磁力、电法等方法勘测，确定盆地的一级、亚一级构造单元。在许可区块内，根据一级单元和亚一级单元的结构，选择预探区域，通过地震法进一步确定盆地的局部构造。在地震信息的基础上，选择可能富含油气的圈闭，通过钻探井证实圈闭内是否有油气层存在，并进一步通过测井方法解释油气层物理特性、含油气性。

油气资源的勘探开发是一个长期的过程，每一步的生产和投资决策都需要依靠地质信息的支撑才能开展。储量规模根据所获得的地质数据，经过数学模型推演得到，地质参数的不确定性导致储量评估结果具有不确定性，最终采出量受工程技术水平和经济环境因素影响。以常用的容积法为例，地质储量受面积、有效厚度、孔隙度、饱和度、体积系数等参数的影响。

虽然地质信息和评估结果具有不确定性，但是钻井数量与成本、储量估值之间具有正向相关性。通过勘探井可以确定圈闭是否存在油藏，但是通过测井数据所获得的地质信息仍具有不确定性。钻勘探井是现有技术水平下确定地下是否存在石油的唯一方法，但是通过钻井获得地下地貌图的经济成本和时间成本高昂。在详探阶段，根据前期获得的地质信息设计勘探方案，确定勘探井的数量和位置，根据钻井所获得的地质信息，不断完善地下地貌图，钻井数量越多，获得的样本越多，获取的地质信息越接近真实值，成本也越高。

多数计算储量的方法都带有推测性，因为用到了不确定的参数，概率估计的方法计算的是一个范围，也就是统计学中的置信区间。在实际应用中，储量是用对数正态分布的很多参数表示的，它能体现一个油田的规模。习惯上，用 Px 表示油田的实际油气出量超过 Px 的可能性。例如，如果一个油田的 P10 是 1 亿桶，那么这个油田的真正油气储量超过 1 亿桶的可能性为 10%。P50 被称作分布中位数，表示油田的实际储量超过或低于 P50 的几率相等。估计油田的规模时，最常用到的百分数是 P95，P90，P50，P10 和 P5。

## 二、油气资源开发过程中不完全信息下的静态博弈

在石油合作中，资源国政府提供油气资源，石油公司提供资金和技术，实现油气资源的开采，并从中获取收益。但是，合作双方的目的都是为了实现自身利益的最大化，政府不断改进财税制度以期提升自身的收益，石油公司则基于财税制度选择能实现自身收益最大的勘探开发方案，二者之间存在博弈关系。图 3.2 对这一关系进行了描述。

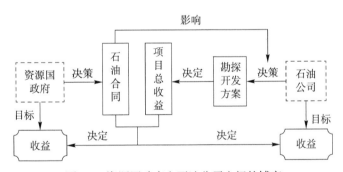

图 3.2　资源国政府和石油公司之间的博弈

资源国和石油公司的收益由项目的总收益和石油财税制度二者共同决定，总收益决定了可以用来分配的资金，而石油财税制度则决定了如何分配资金。总收益和石油财税制度的决策权并非掌握在一方手中，可能的总收益由勘探开发方案决定，勘探开发方案由石油公司在石油合作合同签署

后决定，而石油财税制度则由资源国政府设定。

无论是资源国政府还是石油公司，其决策的影响都不是孤立的。若资源国政府以提高自身收益为目标改进财税制度，提高政府收益比，则石油公司可能会预期未来较大的勘探开发投资并不能得到更高的收益，从而减少勘探开发投资。而根据一般的地质勘探规律，勘探投资的减少，将直接影响未来的探明储量，探明储量减少，则项目总收益减少，总收益减少必然导致政府得到的收益减少。综上，政府并没有因为调整了财税制度而实现提升自身收益的目的。

## 三、油气资源开发过程中的委托－代理问题

### 1. 合同结构

不同的油气资源开发模式，在形式上通过石油合同表现出不同的特征，在机制上也表现出不同的效果，适用不同的现实情况。受到资源国的资源禀赋、技术可获得性和资本丰裕程度三个重要因素的影响，这三者的差别产生了不同的油气资源开发模式和石油合同，最典型的是产品分成合同、矿费税收制合同和服务合同。对于资源禀赋、技术可获得性和资本丰裕程度均很高的国家，石油公司的投资风险较低，获得收益的确定性大，政府更关注财税体系对自身收益的保障，服务合同通常在此种情况下使用。对于三种因素程度均很低的国家，不仅需要石油公司的技术支撑和大额投资支持，而且由于资源禀赋不高，很有可能导致石油公司的投资变为沉没成本，政府更关注财税体系对石油公司的吸引程度，产品分成合同通常在此种情况下使用。对于三种因素表现中等的国家，没有太大的风险也没有太多的收益，可以合作的石油公司很多，但项目收益也表现平平，政府对于财税体系的设计和完善的动力不足，通常沿用传统方法，仅进行细节的微

调，矿费税收制合同通常在此种情况下使用。

基于机制设计的思想研究油气资源开发，不应仅分析石油合同之间的差别，更应关注石油合作中的共性，从理论的高度进行提炼总结，构建能适应不同情况的机制设计模型。只有在统一的模型研究框架下，才能更清晰的反应不同合同模式的特征，也才能从更高的理论层次分析和探讨油气资源开发的机制设计问题。

根据机制设计理论建模的需求，对当前的石油财税体系进行梳理，可以将不同的财税条款归类为以下六个方面：固定比例税收、滑动比例税收、成本回收前税收、成本回收后税收、成本回收、石油公司报酬。前两方面体现了税收政策的灵活性及对政府收益的保障；第三到第五方面体现了对石油公司投资方面的激励；最后一方面体现了对石油公司的报酬激励。将不同合同模式下所涉及的财税条款归类到以上六个方面，如图3.3所示（方框中表示基于机制设计理论对税收的分类，括号中表示实际财税体系中涉及的条款）。

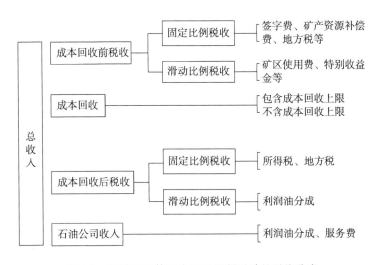

图3.3　石油财税体系中基于机制设计的税收分类

在对不同的财税条款进行分类归纳后，可以更清楚的描述当前国际合作中典型的三种石油合同的特征。产品分成合同的主要特征为：成本回收前征税比例较小，固定或滑动比例皆有，对成本回收的限制比例各国不同，也有不设限制的情况；成本回收后剩余收入通过滑动比例进行利润分成；对利润油继续征税，多为固定比例且比例较大，但可视投资情况适当优惠。矿费税收制合同的主要特征为：成本回收前征收固定和滑动比例税收，以滑动比例为主，通常比例较大，虽然对成本回收不设上限，但该部分税收显然对成本回收进度有较大影响；成本回收后利润全部归石油公司所有，不再分配；对石油公司利润继续征收固定比例和滑动比例税收，也以滑动比例为主。服务合同的主要特征为：成本回收前征收固定比例税收，比例很大，成本回收在此基础上进行；成本回收后剩余部分可用于提取服务费，服务费根据产量和调整系数滑动计算；对石油公司获得的服务费征收固定比例税收，比例亦较大。

以此分类为基础，可以构建基于共性的机制设计模型，然后在模型下对不同模式展开分析，可以更清晰、明确的研究油气资源开发的机制设计。

2. 委托 – 代理问题

在油气资源开发中，资源国政府和石油公司之间存在博弈关系，并由此产生委托 – 代理问题。由于资金、技术的限制，具有石油所有权的资源国通常不是亲自经营油气生产项目，而是将其"承包"给石油公司，直接获取收益。资源国政府作为"委托人"，通过石油合作的方式委托石油公司对某个油气区块进行勘探开发等活动，石油公司作为"代理人"，得到资源国政府授权后，对该油气区块开展生产经营活动以获取收益，并从中获取一部分收益。即合作开始后，石油公司对于投资和生产方案的选择直接决定了项目的收益，也就决定了政府能获得的收益，但是由于油气项目的地质信息在投资前是不能完全确定的，所以石油公司的行动方案和双方可获得的收益并不能在事前完全约定。由于石油合同的约定，石油公司的投资收益有一部分归资源国政府所有，石油公司通常会在此框架下选择最有利于自身收益的行动，而并非是政府收益最大的行动，这就产生了道德风险问题，也就是契约理论中委托－代理问题的一个重要研究问题。

委托－代理问题中的道德风险问题是在合约签订后由于委托人无法完全监控代理人的行为而产生的，即代理人总是在合同允许的框架下执行自身效用最大化的行动，而不会考虑是否损害了委托人的利益。基于这一分析框架，在油气资源开发中，由于储量的地质不确定性特征，石油合作协议中关于报酬和税收的规定是与产量相关的，在资源国政府和石油公司签署协议后，石油公司不会选择政府最大经济效益的生产方案，然后按照合同进行利润分配；而是会选择合同框架下自身收益最大的生产方案。而在目前的多数石油合作框架下，石油公司的收益最大化目标与资源国的收入最大化目标并不一致。

基于委托－代理问题分析的一般框架，在时间轴上对委托人和代理人的几个重要行动进行分解，在时刻 0，委托人和代理人签订合同，在时刻 1 代理人选择行动，在时刻 2 代理人的行动产生结果，同时依据结果和合同对代理人分配报酬。油气资源开发很明显涉及以上所描述的过程，并且这一过程精确地刻画了油气资源开发中的几个关键问题，即合作框架的设计、勘探方案的选择、利润的分配。具体过程如图 3.4 所示。

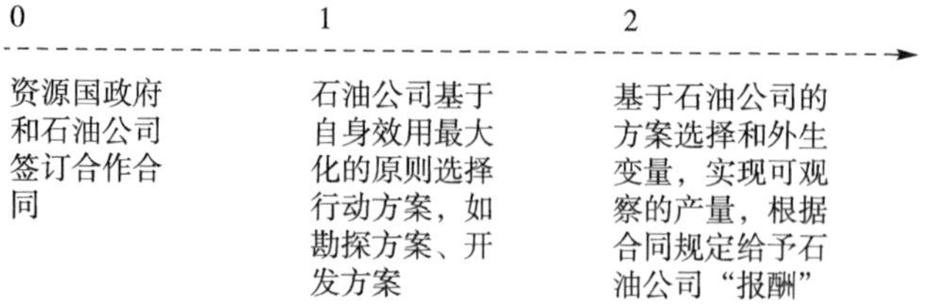

| 0 | 1 | 2 |
|---|---|---|
| 资源国政府和石油公司签订合作合同 | 石油公司基于自身效用最大化的原则选择行动方案，如勘探方案、开发方案 | 基于石油公司的方案选择和外生变量，实现可观察的产量，根据合同规定给予石油公司"报酬" |

图 3.4  石油合作的委托 – 代理特征

委托 – 代理问题需要通过机制设计方法解决。机制设计的思想是通过合理的收入分配规则，激励石油公司选择能够实现自身收益最大化的行动方案，并保证该方案下资源国政府也同时实现自身收益最大。在国际油气合作中，收入分配规则通过石油合同描述。传统的对于油气资源开发合同的设计主要关注对石油公司行为的约束和对利润的分配，没有考虑油气资源开发中的博弈过程。基于委托 – 代理问题的研究方法分析油气资源开发，很显然报酬分配发生在时刻 2，不仅受到时刻 0 石油合作合同的限制，更受到时刻 1 石油公司所选择的行动方案的影响。因此，在进行油气资源开发财税体系设计时，不仅应关注最终利润的分配规则，更应关注石油合同对石油公司投资方案的影响，将机制设计理论应用于合作框架的设计中。

第  章

# 地质信息不完全条件下的油气
# 资源开发机制设计模型

本章运用数学语言描述油气资源勘探开发过程中的委托－代理问题，将复杂的经济和生产过程直观化，实现契约理论与油气资源勘探开发决策的有机结合，为进一步开展机制设计、激励效果研究提供必不可少的理论工具。

## 第一节　模型的假设条件和变量设计

油气资源开发周期长，涉及的因素众多，本节对模型可能涉及的地质、工程、经济变量进行全面的分析和设定，建立符合油气资源开发特征的机制设计模型。

### 一、假设条件

假设条件的设置是清晰、合理阐述模型的前提，除了需要考虑机制设计理论的一般框架，也应结合石油合作和油气生产的现实情况。归纳如下：

（1）资源国政府和石油公司均符合理性人假设，即在石油合作中追寻自身效用最大化；

（2）效用最大化即利益最大化，在模型的构建和求解中通过收入反映；

（3）资源国为风险中性，石油公司为风险规避者；

（4）投资开始前，双方可获得相同的地质信息，并据此做出决策；

（5）油价、储量均值和方差为事前信息；

（6）储量分布为油气生产的外生变量，其状态空间连续，且符合对数正态分布。

## 二、地质变量设计

运用契约理论分析石油财税制度，目的是设计一个有效的激励机制，使石油公司以自身效用最大化为目标选择的行动同时对委托人也是最有利的。也就是说，模型的设计目标是解决石油财税制度的设计问题，关键变量则是石油公司的行动选择，地质信息的不确定性通过对石油公司的行动选择的影响进一步影响机制设计。

油气生产是一个复杂的过程，在这个过程中石油公司以地质信息为基础进行测算，设计初步的勘探开发方案，石油公司对于勘探和开发方案的选择直接影响着后续的一切经营活动和最终的收益。因此，将石油公司对于勘探或开发方案的选择定义为模型中石油公司的行动选择。首先讨论勘探项目。

根据 Clap 和 Stibolt 对油田勘探方案的研究，勘探井的数量与油田的发现规模正向相关。用 $a$ 表示石油公司的行动，即对勘探方案的选择。本书以钻井数量表示石油公司的努力程度，所以在勘探项目中 $a$ 的值表示勘探井数量，则石油公司选择行动 $a$ 时，表示选择了钻探 $a$ 口井的勘探方案。

若每口勘探井成功有发现的概率用机会因子 CF 表示，0<CF<1，则在行动 $a$ 下，成功发现油藏的概率为：

$$f(a)=1-(1-CF)^a \qquad (4.1)$$

石油公司选择行动 $a$ 后，决定了成功发现油藏的可能性，显然，若用努力水平描述行动 $a$，努力水平越高即勘探井数越多，则发现油藏的可能性越大，CF 越大，发现油藏的可能性越大。但是，油藏本身的储量分布并不受努力水平和机会因子的影响，也就是说，是否能发现油藏和油藏的储量规模之间相互独立。根据油藏储量评估的一般经验，发现规模 $\theta$ 服从对数正态分布，令 $G(\theta)$ 和 $g(\theta)$ 分别表示 $\theta$ 在其取值范围上的分布函数和概率密度函数。则选择行动 $a$ 后，有发现且发现规模小于 $\theta$ 的概率为：

$$\Phi(a, \theta)=f(a) \times G(\theta) \qquad (4.2)$$

所以，概率密度函数为：

$$\varphi(a, \theta)=f(a) \times g(\theta), \theta>0 \qquad (4.3)$$

当 $\theta=0$ 时的概率分布为：

$$\Phi(\theta)=1-f(a) \times [1-G(\overline{\theta})] \qquad (4.4)$$

其中，$\overline{\theta}$ 表示 $P_{99}\%$ 对应的储量截值。在地质勘探领域，油田规模通过对数正态分布的累计概率表示，$P_{99}\%$ 表示累计概率为 99%。根据地质评估的经验，在计算储量均值时，去除分布小于 $P_1\%$ 的部分，计算结果更为真实。本书在进行计算时也遵循此经验，仅取 $P_{99}\%$ 对应的储量以内的值进行计算。

式（4.3）说明，不同努力水平下获得油藏的可能性不同，如图 4.1 所示。

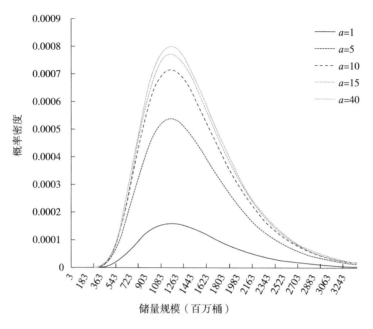

图 4.1　不同努力水平下的储量分布（CF=0.2）

## 三、工程变量设计

由于石油生产的长周期和高复杂性导致成本巨大，评估石油项目的收益时必须考虑成本对收益的影响。前文定义的两个变量，努力水平和储量发现规模，都对成本有重大影响，需要对几个因素之间的关系和变化规律进行定义。石油项目涉及的成本主要包括勘探投资 $c_{exp}$、开发投资 $c_{dev}$、操作费 $c_{ope}$ 和弃置费 $c_{dis}$。对于选定的区块，水深确定，相关地质指标确定，工程设计对投资的影响可以通过估算的系数反映。勘探投资与钻井数直接相关，开发投资和操作费与产量相关，弃置费按照其他投资总额的固定比例提取。根据投资经验，假设各项投资符合以下关系：

$$c_{exp}=k_{exp} \times a+b_{exp} \tag{4.5}$$

$$c_{dev}=k_{dev} \times \theta+b_{dev} \tag{4.6}$$

$$c_{ope}=k_{ope} \times \theta + b_{ope} \tag{4.7}$$

$$c_{dis}=(c_{exp}+c_{dev}+c_{ope}) \times r_d \tag{4.8}$$

其中 $k$ 为斜率，$b$ 为截距，$r_d$ 为弃置费提取比率，均为已知。则总的成本为：

$$c(a, \theta)=c_{exp}+c_{dev}+c_{ope}+c_{dis} \tag{4.9}$$

### 四、财税变量的设计

建模的关键是解决财税制度的机制设计问题，所以石油财税制度必须通过模型加以描述。根据第三章的分析，将不同的财税条款归类为六个方面：固定比例税收、滑动比例税收、成本回收前税收、成本回收后税收、成本回收、石油公司报酬。在模型中，通过税收比例描述财税条款，用 $t_{bf}$、$t_{bv}$ 表示成本回收前固定比例和滑动比例税收比率，$t_{af}$、$t_{av}$ 分别表示成本回收后固定比例和滑动比例税收比率，$t_c$ 表示成本回收限制比率，$t_s$ 表示石油公司的分成比例或报酬比率。显然，以上系数可在 [0,1] 变化，显示相应的财税条款是否存在以及严苛程度。

## 第二节 油气资源开发机制设计模型

### 一、勘探开发项目的委托－代理模型

石油公司的努力水平 $a$ 和储量发现规模 $\theta$ 已在第一节分析并定义，若令 $\pi(a, \theta)$ 表示油气项目的总收入，$s(a, \theta)$ 表示石油公司获得的收入，$v[\pi(a, \theta)-s(a, \theta)]$ 表示政府效用，$u[s(a, \theta)-c(a, \theta)]$ 表示石油公司效用，则面向石油合同的委托－代理模型的一般形式为式（4.10）所示。资源国政府对财税制度的设计

目标为通过合理的激励，使石油公司选择适当的努力水平，以实现自身效用最大，最终实现资源国政府的效用最大化。也就是设置合理的分配规则，在（IR）和（IC）[①]的约束下选择 $a$，$s(a, \theta)$，实现目标函数的最大化。

$$\max_{a, s(a, \theta)} \int_0^{\bar{\theta}} v[\pi(a, \theta) - s(a, \theta)]\varphi(a, \theta)\mathrm{d}\theta$$

s.t. (IR) $$\int_0^{\bar{\theta}} u[s(a, \theta) - c(a, \theta)]\varphi(a, \theta)\mathrm{d}\theta \geqslant \bar{u}$$

(IC) $$\int_0^{\bar{\theta}} u[s(a, \theta) - c(a, \theta)]\varphi(a, \theta)\mathrm{d}\theta$$

$$\geqslant \int_0^{\bar{\theta}} u[s(a', \theta) - c(a', \theta)]\varphi(a', \theta)\mathrm{d}\theta, \forall a' \in A \qquad （4.10）$$

在石油合作中，委托人和代理人的目的都是从油气生产中获取收益，以此为基础的效用最大化目标可以用收益最大化表示，即收益最大时，效用最高。因此，式（4.10）中的政府效用 $v$ 和石油公司效用 $u$ 分别定义为政府收益和石油公司净现值，这二者都从项目收入中获得。项目收入除了支付石油公司和政府的收益，还用来抵偿石油公司的投资和生产成本。若令 $T(a, \theta)$ 表示各项税收和分成，则政府收益也等于 $T$，不考虑资金的时间价值的情况下项目收入可用式（4.11）表示：

$$\pi = T + s \qquad （4.11）$$

综上，石油合作中，政府效用等价于各项税收和分成：

$$v[\pi(a, \theta) - s(a, \theta)] = T \qquad （4.12）$$

第三章已经对石油财税制度的特征进行了分析归纳，本章第一节对各项财税指标的系数进行了定义，基于这些特征对财税分配制度进行描述，

---

[①] IR 是 individual-rationality 的缩写，表示个人理性约束；IC 是 incentive-compatibility 的缩写，表示激励相容约束。

如式（4.13）所示。石油生产是一个长期的过程，假设项目的生产周期为 $J$ 年，则第 $j$ 年的税收：

$$
\begin{aligned}
T_j &= \pi_j \times t_{bf} + \pi_j \times (1 - t_{bf}) \times t_{bv} \\
&+ \left[ \pi_j \times (1 - t_{bf}) \times (1 - t_{bv}) - c_j \right] \times (1 - t_s) \\
&+ \left[ \pi_j \times (1 - t_{bf}) \times (1 - t_{bv}) - c_j \right] \times t_s \times t_{af} \\
&+ \left[ \pi_j \times (1 - t_{bf}) \times (1 - t_{bv}) - c_j \right] \times t_s \times (1 - t_{af}) \times t_{av}
\end{aligned}
\tag{4.13}
$$

整理得到：

$$
\begin{aligned}
T_j &= \pi_j \times \left[ t_{bf} + (1 - t_{bf}) \times t_{bv} \right] \\
&+ \left[ \pi_j \times (1 - t_{bf}) \times (1 - t_{bv}) - c_j \right] \times \left\{ 1 - t_s \times \left[ 1 - t_{af} - (1 - t_{af}) \times t_{av} \right] \right\}
\end{aligned}
\tag{4.14}
$$

对于油气勘探开发项目，全部收入来自石油的销售收入，令 $P$ 表示油价，则：

$$
\pi_j = P \times \theta_j
\tag{4.15}
$$

综合以上对项目收入和税收的分析，将式（4.14）和式（4.15）代入式（4.10）中目标函数可表示为：

$$
\max_{a,s(a,\theta)} \int_0^{\bar{\theta}} \sum_j
\left\{
\begin{aligned}
&P \times \theta_j \times \left[ t_{bf} + (1 - t_{bf}) \times t_{bv} \right] \\
&+ \left[ P \times \theta_j \times (1 - t_{bf}) \times (1 - t_{bv}) - c_j(a,\theta) \right] \\
&\times \left\{ 1 - t_s \times \left[ 1 - t_{af} - (1 - t_{af}) \times t_{av} \right] \right\}
\end{aligned}
\right\} \varphi(a,\theta) \mathrm{d}\theta
\tag{4.16}
$$

式（4.16）中 $\sum_j$ 表示对所有年份的政府收益进行加总，显然，当 $\theta=0$ 时，式（4.16）等于 0，所以目标函数可以表示为：

$$
\max_{a,s(a,\theta)} \int_0^{\bar{\theta}} \sum_j
\left\{
\begin{aligned}
&P \times \theta_j \times \left[ t_{bf} + (1 - t_{bf}) \times t_{bv} \right] \\
&+ \left[ P \times \theta_j \times (1 - t_{bf}) \times (1 - t_{bv}) - c_j(a,\theta) \right] \\
&\times \left\{ 1 - t_s \times \left[ 1 - t_{af} - (1 - t_{af}) \times t_{av} \right] \right\}
\end{aligned}
\right\} f(a) g(\theta) \mathrm{d}\theta
\tag{4.17}
$$

式（4.17）在 $[0, \overline{\theta}]$ 上连续可积。

在油气资源开发领域，石油资源是有限的，资源国政府也不会同时放出很多区块进行招标，所以当石油公司对区块进行经济评价后认为 NPV>0，才会进行投资。根据前面分析，石油公司的效用可以用其投资净现值表示，则对于模型（4.10）中的参与约束（IR），其保留效用：

$$\overline{u} = 0 \tag{4.18}$$

石油公司的效用函数可以用其净现值定义，在石油销售收入中，若不考虑资金的分配顺序，石油公司的收入就是项目总收入扣除政府所得，这部分收入中包含了成本回收，若计算公司收益的净现值，则用总收入扣除政府所得再扣除成本：

$$u[s(a, \theta) - c(a, \theta)] = s_p = s - c = \pi - T - c \tag{4.19}$$

其中，$s_p$ 为石油公司获得的分成或报酬。

所以，石油公司第 $j$ 年的利润分成为：

$$s_{pj} = P \times \theta_j - \left\{ \begin{array}{l} P \times \theta_j \times \left[ t_{bf} + (1 - t_{bf}) \times t_{bv} \right] \\ + \left[ P \times \theta_j \times (1 - t_{bf}) \times (1 - t_{bv}) - c_j(a, \theta) \right] \\ \times \left[ t_{af} + (1 - t_{af}) \times t_{av} \right] \end{array} \right\} - c_j(a, \theta) \tag{4.20}$$

将式（4.19）和式（4.20）代入（4.10）中，$r_0$ 表示基准折现率，显然 $\theta=0$ 时，石油公司期望收益为 0，约束条件转化为：

$$(\text{IR}) \int_0^{\overline{\theta}} \sum_j \left\{ P \times \theta_j - \left\{ \begin{array}{l} P \times \theta_j \times \left[ t_{bf} + (1 - t_{bf}) \times t_{bv} \right] \\ + \left[ P \times \theta_j \times (1 - t_{bf}) \times (1 - t_{bv}) - c_j(a, \theta) \right] \\ \times \left\{ 1 - t_s \times \left[ 1 - t_{af} - (1 - t_{af}) \times t_{av} \right] \right\} \end{array} \right\} - c_j(a, \theta) \right\}$$
$$\times (1 + r_0)^{-j} f(a) g(\theta) \mathrm{d}\theta \geq 0 \tag{4.21}$$

$$(\text{IC}) \quad \int_0^{\overline{\theta}} \sum_j \left\{ P \times \theta_j - \left\{ \begin{array}{l} P \times \theta_j \times \left[ t_{bf} + (1-t_{bf}) \times t_{bv} \right] \\ + \left[ P \times \theta_j \times (1-t_{bf}) \times (1-t_{bv}) - c_j(a,\theta) \right] - c_j(a,\theta) \\ \times \left\{ 1 - t_s \times \left[ 1 - t_{af} - (1-t_{af}) \times t_{av} \right] \right\} \end{array} \right\} \right.$$

$$\times (1+r_0)^{-j} f(a) g(\theta) d\theta$$

$$\geqq \int_0^{\overline{\theta}} \sum_j \left\{ P \times \theta_j - \left\{ \begin{array}{l} P \times \theta_j \times \left[ t_{bf} + (1-t_{bf}) \times t_{bv} \right] \\ + \left[ P \times \theta_j \times (1-t_{bf}) \times (1-t_{bv}) - c_j(a',\theta) \right] - c_j(a',\theta) \\ \times \left\{ 1 - t_s \times \left[ 1 - t_{af} - (1-t_{af}) \times t_{av} \right] \right\} \end{array} \right\} \right.$$

$$\times (1+r_0)^{-j} f(a') g(\theta) d\theta, \quad \forall a' \in A \tag{4.22}$$

综上所述，面向勘探开发项目的机制设计模型表述如下：

$$\max_{a,s(a,\theta)} \int_0^{\overline{\theta}} \sum_j \left\{ \begin{array}{l} P \times \theta_j \times \left[ t_{bf} + (1-t_{bf}) \times t_{bv} \right] \\ + \left[ P \times \theta_j \times (1-t_{bf}) \times (1-t_{bv}) - c_j(a,\theta) \right] \\ \times \left\{ 1 - t_s \times \left[ 1 - t_{af} - (1-t_{af}) \times t_{av} \right] \right\} \end{array} \right\} f(a) g(\theta) d\theta$$

$$\text{s.t.} \quad (\text{IR}) \quad \int_0^{\overline{\theta}} \sum_j \left\{ P \times \theta_j - \left\{ \begin{array}{l} P \times \theta_j \times \left[ t_{bf} + (1-t_{bf}) \times t_{bv} \right] \\ + \left[ P \times \theta_j \times (1-t_{bf}) \times (1-t_{bv}) - c_j(a,\theta) \right] - c_j(a,\theta) \\ \times \left\{ 1 - t_s \times \left[ 1 - t_{af} - (1-t_{af}) \times t_{av} \right] \right\} \end{array} \right\} \right.$$

$$\times (1+r_0)^{-j} f(a) g(\theta) d\theta \geqslant 0$$

$$(\text{IC}) \quad \int_0^{\overline{\theta}} \sum_j \left\{ P \times \theta_j - \left\{ \begin{array}{l} P \times \theta_j \times \left[ t_{bf} + (1-t_{bf}) \times t_{bv} \right] \\ + \left[ P \times \theta_j \times (1-t_{bf}) \times (1-t_{bv}) - c_j(a,\theta) \right] - c_j(a,\theta) \\ \times \left\{ 1 - t_s \times \left[ 1 - t_{af} - (1-t_{af}) \times t_{av} \right] \right\} \end{array} \right\} \right.$$

$$\times (1+r_0)^{-j} f(a) g(\theta) d\theta$$

$$\geq \int_0^{\bar{\theta}} \sum_j \left\{ P \times \theta_j - \left\{ \begin{array}{l} P \times \theta_j \times \left[ t_{bf} + (1-t_{bf}) \times t_{bv} \right] \\ + \left[ P \times \theta_j \times (1-t_{bf}) \times (1-t_{bv}) - c_j(a',\theta) \right] \\ \times \left\{ 1 - t_s \times \left[ 1 - t_{af} - (1-t_{af}) \times t_{av} \right] \right\} \end{array} \right\} - c_j(a',\theta) \right\}$$

$$\times (1+r_0)^{-j} f(a') g(\theta) d\theta, \quad \forall a' \in A \tag{4.23}$$

模型中对于税费的描述只是提供了一个框架。在细节上，有些合同可能仅存在较少的几项税收，某些征税系数为0，有些合同的征税顺序可能不一样，比如先征收滑动比例税收，后征收固定比例税收，还有些合同对征税基础进行了调整，但这些不影响模型对于激励机制的分析，在实践应用中都可以进行微调。

## 二、开发项目的委托 – 代理模型

对于完成勘探进入到开发阶段的油气藏，可以认为石油公司对开发方案 $a_d$ 的选择为其对于开发井数量的选择，所有开发方案的集合为 $A_d$。在合同期内，每口开发井的产量由单井产量上限来限定。所以，开发井数量决定了油藏的最大开采量，方案 $a_d$ 对应最大开采量为 $E_{peak}$。方案 $a_d$ 的选择与储量分布相互独立，根据前面所述，储量分布的概率密度函数为 $g(\theta)$，则处于开发阶段的油藏石油合作合同机制设计的模型可以表示为

$$\max_{a_d,s(a_d,\theta)} \int_0^{E_{peak}} v[\pi(a_d,\theta) - s(a_d,\theta,t_j)] g(\theta) d\theta$$

s.t.  (IR)  $\displaystyle\int_0^{E_{peak}} u[s(a_d,\theta,t_j) - c(a_d,\theta)] g(\theta) d\theta \geq \bar{u}$ \tag{4.24}

(IC)
$$\int_0^{E_{peak}} u\left[s(a_d,\theta,t_j)-c(a_d,\theta)\right]g(\theta)\mathrm{d}\theta$$

$$\geq \int_0^{E_{peak}'} u\left[s(a_d',\theta,t_j)-c(a_d',\theta)\right]g(\theta)\mathrm{d}\theta, \forall a_d' \in A_D$$

根据上一节的分析，在油气资源开发中，资源国和国际石油公司的根本目标都是为了获取收益，所以在运用模型进行分析时，资源国和石油公司的效用最大化可以通过收益最大化表示。在计算石油公司和资源国政府的收益时，各项收入、支出的计算与前述定义相同，只有成本项 $c$ 在计算时需注意，勘探成本 $C_{exp}$ 为零。所以，式（4.24）展开得到面向开发项目的委托 – 代理模型：

$$\max_{a_d.s(a_d,\theta)} \int_0^{E_{peak}} \sum_j \left\{ \begin{array}{l} P\times\theta_j\times\left[t_{bf}+(1-t_{bf})\times t_{bv}\right] \\ +\left[P\times\theta_j\times(1-t_{bf})\times(1-t_{bv})-c_j(a_d,\theta)\right] \\ \times\left\{1-t_s\times\left[1-t_{af}-(1-t_{af})\times t_{av}\right]\right\} \end{array} \right\} g(\theta)\,\mathrm{d}\theta$$

s.t. (IR)
$$\int_0^{E_{peak}} \sum_j \left\{ \begin{array}{l} P\times\theta_j-\{P\times\theta_j\times\left[t_{bf}+(1-t_{bf})\times t_{bv}\right] \\ +\left[P\times\theta_j\times(1-t_{bf})\times(1-t_{bv})-c_j(a_d,\theta)\right] \\ \times\left\{1-t_s\times\left[1-t_{af}-(1-t_{af})\times t_{av}\right]\right\}-c_j(a_d,\theta) \end{array} \right\}\times(1+r_0)^{-j}g(\theta)\mathrm{d}\theta \geq 0$$

(IC)
$$\int_0^{E_{peak}} \sum_j \left\{ \begin{array}{l} P\times\theta_j-\{P\times\theta_j\times\left[t_{bf}+(1-t_{bf})\times t_{bv}\right] \\ +\left[P\times\theta_j\times(1-t_{bf})\times(1-t_{bv})-c_j(a_d,\theta)\right] \\ \times\left\{1-t_s\times\left[1-t_{af}-(1-t_{af})\times t_{av}\right]\right\}-c_j(a_d,\theta) \end{array} \right\}\times(1+r_0)^{-j}g(\theta)\mathrm{d}\theta$$

89

$$\geq \int_0^{E_{peak}{}'} \sum_j \left\{ P \times \theta_j - \begin{cases} P \times \theta_j \times \left[ t_{bf} + (1 - t_{bf}) \times t_{bv} \right] \\ + \left[ P \times \theta_j \times (1 - t_{bf}) \times (1 - t_{bv}) - c_j(a_d{}', \theta) \right] \\ \times \left\{ 1 - t_s \times \left[ 1 - t_{af} - (1 - t_{af}) \times t_{av} \right] \right\} \end{cases} - c_j(a_d{}', \theta) \right\}$$

$$\times (1 + r_0)^{-j} g(\theta) \mathrm{d}\theta, \quad \forall a_d{}' \in A_D$$

$$(4.25)$$

# 第三节　基于帕累托最优的数值分析

## 一、求解方法分析

对式（4.23）和式（4.25）所描述的机制设计模型进行求解，便可得到油气资源开发机制设计的理论结果。但模型中涉及变量和参数较多，运用一般的拉格朗日乘数法求解很难实现，所以本书运用数值分析的方法求解。

运用数值分析的方法，需要首先选取具体的合同和对应的项目数据，将数据代入模型中后，再进行求解。在目前的油气资源开发中，产品分成合同是使用最广泛的一种财税体制，并且关于产品分成合同的有效性的探讨和改进一直是石油财税体系研究领域的热点。中国的石油财税体系为产品分成制，海上石油合作受到众多国际石油公司的关注，政府对海上石油合作的产品分成合同也有改进的需求。所以本书选择中国某海上石油勘探开发项目的产品分成合同作为研究对象和模型求解的基础。

中国海上石油合作合同是一种基于财税体制的复杂的产品分成合同，对于勘探开发项目，模型（4.23）中所包含的各项指标均有涉及，成本回收前征收的固定比例税收包括增值税和矿补费，滑动比例税收包括特别收益金和矿区使用费。在扣除这些税费之后进行有限制的成本回收。扣除以上税费和回收油之后，进行滑动比例的产品分成。之后，石油公司需要在收入中提交固定比率的所得税。由于海上开发的投资和风险巨大，为了提高招标成功率，政府根据区块的不同情况，给出了不同程度的税收减免和分成优惠。

为了更好地保障本国利益，中国的产品分成合同不仅在基本的财税体系框架下又增加了更多的税赋指标，而且规定在外国石油公司独立完成勘探阶段后，由中方石油公司和外方石油公司合作开发，按照双方开发投资的比例进行收益分配，且外方石油公司的投资比例不能超过49%。在计算和研究的过程中，不仅应分析中国海上产品分成合同的激励机制，而且应分析税收优惠政策和中方公司参股政策对激励机制的影响。表4.1简要说明了合同中的主要条款，同时定义了在模型中的符号表示。

表 4.1　中国产品分成合同的主要财税条款

| 财税条款 | 符号 | 比例 |
|---|---|---|
| 矿区使用费 | $t_{bv1}$ | 根据产量滑动，0—12.5% |
| 特别收益金 | $t_{bv2}$ | 根据油价滑动，0—40% |
| 成本回收 | $c'$ | 回收限制根据产量滑动，50%—62.5% |
| 石油公司分成 | $t_s$ | 根据产量滑动，45%—96% |
| 所得税 | $t_{af}$ | 33% |
| 增值税 | $t_{bf1}$ | 5% |
| 矿产资源补偿费 | $t_{bf2}$ | 1% |

由式（4.1）至式（4.3）可知，努力水平越高，即勘探方案所选择的钻井数越多，对于既定的区块，期望储量越高，期望收入越高，但是，勘探和开发成本也随之增长，所以并非努力水平越高，项目的收益越大。所以，必定存在一个最优努力水平 $a^*$ 使得项目的净现值最大。又根据帕累托最优条件，委托人设计合理的 $s$ 使代理人选择努力水平 $a^*$ 才能实现模型的最优

解。实际上，模型中的 $s$ 由各项税收系数 $t$ 决定。

所以，模型的一个求解思路为，首先不考虑利益分配，求得项目整体的期望净现值最大时对应的努力水平 $a*$，即：

$$\max_{a} \int_{0}^{\bar{\theta}} \sum_{j} (P \times \theta_{j} - c_{j}) \times (1 + r_{0})^{-j} f(a) g(\theta) \mathrm{d}\theta \qquad (4.26)$$

然后，调整税收系数 $t$，使得在 $a=a*$ 时，约束条件（IC）和（IR）成立，则此时目标函数实现。因为存在多个征税系数，所以模型的解显然不是唯一的。在后文的分析中，将根据具体合同条款，运用数值分析的方法尝试求解。如图 4.2 所示。

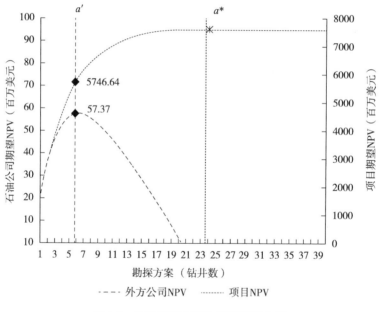

图 4.2　最佳勘探方案和实际投资方案

根据式（3.26）求出项目净现值最大时需要的勘探方案 $a*=24$。同时计算出现有合同条款下国际石油公司以约束条件（IC）为基础选择的行动方

案 $a'=6$，如图 4.2 所示。显然在现有合同条款下最有利于石油公司勘探方案与项目最优勘探方案差距较大，特别是，在现有合同下，实现项目最大收益的勘探方案将导致石油公司期望收益为负，也就是约束条件（IR）不满足，所以石油公司无法选择项目最优的投资方案。这说明现有合同条款激励不足，无法保障资源国收益。

对于确定的项目，其期望 NPV 随勘探方案的变化曲线是确定的，也就是图 3.6 中的项目 NPV 曲线是确定的。而外方公司的期望 NPV 不仅受到勘探方案的影响，也受到收入分配规则的影响，也就是合同条款的影响。即图 3.5 中的外方公司 NPV 曲线在不同财税条款下是不同的，如图 4.3 所示。

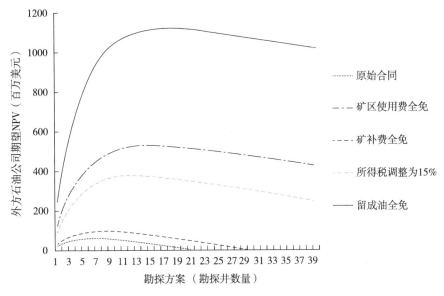

图 4.3　不同收入分配规则下外方石油公司期望 NPV 曲线

图 4.3 表明，在对中国的产品分成合同中的不同财税条款的征收系数进行调整时，外方石油公司的期望 NPV 曲线随之发生变化，曲线的形状、

高度以及峰值点对应的勘探方案都不同。从期望 NPV 曲线的角度分析，收入分配规则设计的目标就是，通过分配规则和征税系数的调整，改变曲线的形状和高度，使 NPV 曲线的峰值对应最佳勘探方案，同时维持曲线在较低的位置变化。本书的模型求解以中国的产品分成合同框架为基础，因此仅调整产品分成合同下各条款的征税系数，而不改变合同本身的结构，依然沿用产品分成模式。当系数调整适当时，可以激励石油公司选择更优的勘探方案，并提升政府的收益，如图 4.4 所示。

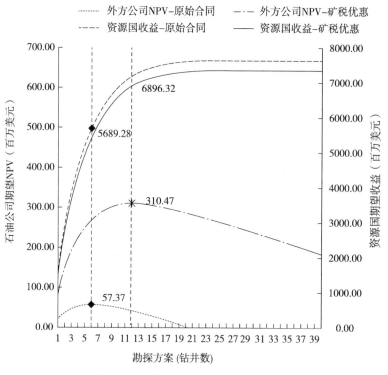

图 4.4　不同征税系数对激励机制的影响

图 4.4 中两条虚线表示原始合同下外方石油公司的期望 NPV 和资源国期望收益，两条实线表示调整矿区使用费后的外方石油公司期望 NPV 和资

源国期望收益。在调整税收比例后，外方石油公司的期望 NPV 曲线上移，波峰右移，而资源国的期望收益曲线下移。表面看来，新的税收比例使资源国收益受损，但是实际上，由于曲线峰值点的变化，外方石油公司在新的税收比例下所选择的投资方案更优，这使得资源国的实际收益增加。如图 4.4 中较高的两条曲线所示，虽然税收比例的调整使新的收益曲线下移，但是投资决策点所对应的收益值明显高于原始合同下的收益值。这反映了激励机制对委托人收益的影响。

## 二、模型求解及财税条款改进

中国的国际油气合作涉及中国政府、国家石油公司、外方石油公司三方面。其中，中国政府提供石油资源，外方石油公司负责勘探、开发、生产。在外方石油公司完成勘探阶段的全部投资和勘探活动并进入开发阶段后，中方石油公司与外方石油公司按照 51∶49 的比例进行投资和分成油的分配。基于委托－代理问题的一般分析方法，中方油公司并不参与对项目期望收益具有重大影响的方案选择，仅在项目进入到风险较小的开发阶段后进行一部分投资并获取收益，没有参与代理人的决策活动，并且代理人的决策对其收益具有重要影响。因此，在中国的国际油气合作中，将中国政府和中方石油公司统一定义为"大中方"，符合委托－代理问题中对委托人的定义，而外方石油公司为代理人。

由模型可知，外方石油公司的期望 NPV 受到成本、储量分布、合作合同的影响。但是，对于已选定的区块，成本由储量和石油公司选择的行动方案决定，储量分布为外生变量。若调整图 4.3 中的外方石油公司期望 NPV 曲线，只能通过调整石油合作合同实现。本书研究的是中国的产品分成合同的激励机制问题，不对产品分成模式本身进行调整，仅在现实可行的情况下对各项条款下的征税比例进行调整。

中国的国际油气合作中"大中方"和外国石油公司存在特殊的投资分成关系，并且外方石油公司在进入开发阶段后投资通常不能超过49%，这就导致由式（4.26）所求出的项目最佳行动方案 $a^*$ 和式（4.23）中由约束条件（IC）所产生的外方石油公司行动方案 $a'$ 无法重合。即在中国现有的国际油气合作模式下，仅调整征税系数无法求得模型在理论上的最优解，即双方合作中的帕累托最优。在委托－代理理论的研究中，由于模型和现实情况的复杂性，大量的问题不能得到最优解，转而寻求次优解，以实现对现实问题的改进，本书也遵循此思路。

在计算中，不考虑项目最优投资的情况，通过数值分析的方法，在约束条件下调整各项征税系数，求得目标函数最大时的税收设计方案。最终求得的各方收益曲线如图4.5所示，在当前中国的产品分成模式下，大中

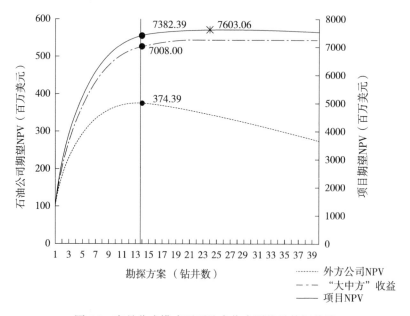

图4.5　产品分成模式下石油合作合同的最佳解曲线

方的最大期望收益为 70 亿美元。此结果对应的征税比例调整为，矿费减征 50%，取消成本回收限制，所得税增加 1 个百分点，变为 34%。

　　通过委托 – 代理模型的分析求解，原始合同的激励效果有了明显的提高，也显著提升了资源国的收益，如表 4.2 所示。通过模型的设计，在调整后的收入分配方案下，大中方的期望收益增加了 18.8%。

表 4.2　实际合同和设计合同的比较

| 合同类型 | 勘探方案（井数） | 外方石油公司期望NPV（百万美元） | 大中方期望收益（百万美元） | 项目期望 NPV（百万美元） |
|---|---|---|---|---|
| 原始合同 | 6 | 57.37 | 5689.28 | 5746.65 |
| 设计合同 | 14 | 374.39 | 7008.00 | 7382.39 |

第章

# 基于产品分成合同的油气资源
# 开发机制设计

产品分成合同是石油合作中最常见的合同模式之一，运用已构建的模型和所提出的计算方法分析产品分成合同的机制特征，推进理论模型与实际工作结合，既是对理论模型的检验，亦是加速研究成果走向实践的必要研究过程。

## 第一节　合同的选取及模型的调整

### 一、合同的选取

在中国改革石油合作制度、加大海上石油开发的大背景下，研究中国海上石油合作合同的机制效果具有现实意义。中国海上石油合作合同是一种基于基本财税体制的非常复杂的产品分成合同，机制设计模型中所包含的各项指标均有涉及，因此对中国海上石油合同的研究具有非常重要的理论价值。

中国海上石油合作的产品分成合同包含的主要指标为：成本回收前征收的固定比例税收，包括增值税和矿补费；滑动比例税收，包括特别收益金和矿区使用费。在这些税费之后进行有限制的成本回收。扣除以上税费和回收油之后，进行滑动比例的产品分成。之后，石油公司需要在收入中提交固定比率的所得税。目前，由于海上开发的投资和风险巨大，为了提高招标成功率，政府根据区块的不同情况，给出了不同程度的税收和分成优惠。

## 二、模型的进一步深化

接下来以中国海上的勘探开发项目为例进行分析。由于所选择的产品分成合同的特殊性，在运用模型对合同进行分析和改进时，需要对模型进行一定的调整，才能更合理的反应合同的机制特征。一方面，需要对模型中描述财税制度的参数进行调整；另一方面，也是更重要的方面，由于中方石油公司在勘探阶段结束后才参股共同开发，不再是单一的石油公司投资决定的问题，需要对模型的约束条件进行调整。调整后的面向中国产品分成合同的委托 – 代理模型为：

$$\max_{a.s(a,\theta)} \int_0^{\bar{\theta}} \sum_j \left\{ \begin{array}{l} P \times \theta_j \times \left[ (t_{bf1} + t_{bf2}) + (1 - t_{bf1} - t_{bf2}) \times (t_{bv1} + t_{bv2}) \right] \\ + \left[ P \times \theta_j \times (1 - t_{bf1} - t_{bf2}) \times (1 - t_{bv1} - t_{bv2}) - c_j'(a,\theta) \right] \\ \times \left[ 1 - t_s \times (1 - t_{af}) \right] \end{array} \right\} f(a) g(\theta) \, \mathrm{d}\theta$$

s.t.　(IR)

$$\int_0^{\bar{\theta}} \sum_j \left\{ \left\{ P \times \theta_j - \left\{ \begin{array}{l} P \times \theta_j \times \left[ (t_{bf1} + t_{bf2}) + (1 - t_{bf1} - t_{bf2}) \times (t_{bv1} + t_{bv2}) \right] \\ + \left[ P \times \theta_j \times (1 - t_{bf1} - t_{bf2}) \times (1 - t_{bv1} - t_{bv2}) - c_j'(a,\theta) \right] \\ \times \left[ 1 - t_s \times (1 - t_{af}) \right] \end{array} \right\} - c_j(a,\theta) \right\} \right.$$
$$\left. \times t_d \times (1 + r_0')^{-j} - \sum_{j_0} \left[ c_j \times (1 - t_d) \right] \right\}$$
$$\times f(a) g(\theta) \, \mathrm{d}\theta \geqslant 0$$

(IC)

$$\int_0^{\bar{\theta}} \sum_j \left\{ \begin{array}{l} P \times \theta_j \\ - \left\{ \begin{array}{l} \left[ \begin{array}{l} P \times \theta_j \times \left[ (t_{bf1} + t_{bf2}) + (1 - t_{bf1} - t_{bf2}) \times (t_{bv1} + t_{bv2}) \right] \\ + \left[ P \times \theta_j \times (1 - t_{bf1} - t_{bf2}) \times (1 - t_{bv1} - t_{bv2}) - c_j'(a,\theta) \right] \\ \times \left[ 1 - t_s \times (1 - t_{af}) \right] \end{array} \right] \\ - c_j(a,\theta) \end{array} \right\} \\ \times t_d \times (1 + r_0)^{-j} - \sum_{j_0} \left[ c_j \times (1 - t_d) \right] \end{array} \right\} f(a) g(\theta) \mathrm{d}\theta$$

$$\geqslant \int_0^{\bar{\theta}} \sum_j \left\{ \begin{array}{l} P \times \theta_j \\ - \left\{ \begin{array}{l} \left[ \begin{array}{l} P \times \theta_j \times \left[ (t_{bf1} + t_{bf2}) + (1 - t_{bf1} - t_{bf2}) \times (t_{bv1} + t_{bv2}) \right] \\ + \left[ P \times \theta_j \times (1 - t_{bf1} - t_{bf2}) \times (1 - t_{bv1} - t_{bv2}) - c_j'(a',\theta) \right] \\ \times \left[ 1 - t_s \times (1 - t_{af}) \right] \end{array} \right] \\ - c_j(a',\theta) \end{array} \right\} \\ \times t_d \times (1 + r_0)^{-j} - \sum_{j_0} \left[ c_j \times (1 - t_d) \right] \end{array} \right\} f(a') g(\theta) \mathrm{d}\theta,$$

$$\forall a' \in A$$

（5.1）

其中，$t_d$ 为外方石油公司在进入开发阶段后的参股和获利比例，$j_0$ 为勘探年限。

因为勘探阶段由外方石油公司独立完成，所以勘探方案的选择由外方石油公司根据对项目的评估进行，所以式（5.1）中约束条件（IR）和（IC）石油公司效用通过外方石油公司的净现值反应。

## 三、定义观测变量

根据式（4.26）和第四章的分析，当项目期望净现值最大时对应的油公司努力水平为最优努力水平 $a*$。机制设计的目标就是激励石油公司选择

努力水平 $a*$。但是，石油公司在进行勘探方案选择时首先以约束条件（IC）为目标，也就是以公司的未来期望收益最大化为目标。在现有的大多数实际合同下，石油公司的期望净现值最大时对应的努力水平 $a^{IOC}$ 与 $a*$ 并不一致，也就是说大多合同的机制设计并不符合理论上的最优解。观察石油公司在现有合同下的努力水平 $a^{IOC}$ 与 $a*$ 的差距，可以有效反映现有合同机制的激励效果。令努力水平 $a^{IOC}$ 与 $a*$ 对应的项目净现值分别为 $ENPV^{IOC}$ 与 $ENPV*$，定义合同对石油公司的激励效率 $EF^{IOC}$ 为：

$$EF^{IOC} = \frac{ENPV^{IOC}}{ENPV*} \times 100\% \qquad （5.2）$$

根据定义，$0 \leqslant EF \leqslant 1$，当努力水平为 0 时，$EF=0$；当努力水平达到最优努力水平时，$EF=1$。在分析时，$EF$ 越接近 1 说明合同条款与最优解越接近。本章对于激励效率的研究重点关注三个方面的问题。首先，根据约束条件（IR），对于发现规模较小的经济项目，合同是否能有效激励石油公司进行开发而不是放弃。其次，根据约束条件（IC），对于石油公司决定代理的项目，合同是否能有效激励石油公司选择最佳的勘探方案（努力水平），实现项目的经济价值最大。最后，根据目标函数，当选择最佳努力水平时，合同能否保证政府得到最大的收益，而不是努力水平越高收益越高。

前两个问题的分析，可以通过激励效率 $EF$ 观察。对于政府收益的分析，可以通过政府收益最大时对应的努力水平 $a^{GOV}$ 观察，$a^{GOV}$ 相对 $a*$ 偏移越大，证明机制设计的效率越低，定义偏移率 $OF$ 描述合同对于政府收益分配的有效性：

$$OF = \frac{a^{GOV} - a^{FB}}{a^{FB}} \times 100\% \qquad （5.3）$$

根据定义，$OF$ 越接近 0 则合同的激励机制越接近最优解，即越符合资源国政府的利益。

在中国的油气投资中，同时涉及国家石油公司和外方石油公司，勘探投资由外方公司承担，其他投资和分成按照中方占比 51%，外方占比 49% 的比例进行分配。分析中必须同时考虑合同对双方公司的激励效率。此处补充定义对中方油公司的激励效率：中方石油公司的期望净现值最大时对应的努力水平为 $a^{NOC}$，定义对中方油公司的激励效率 $EF^{NOC}$：

$$EF^{NOC} = \frac{ENPV^{NOC}}{ENPV^*} \times 100\% \qquad (5.4)$$

实际上，由于勘探投资和风险均由外方石油公司承担，根据勘探方案定义的努力水平对应的是外方石油公司的努力水平。合同的激励效率也主要指的是对外方石油公司的激励效率。但是国家石油公司作为项目的代理人，若 $EF^{NOC}=0$，则项目无法发生。

# 第二节　产品分成合同机制分析

## 一、对原始合同的机制分析

根据本章第一节的分析，需要先求解式（4.26）最大时对应的努力水平 $a^*$，然后以此为基础分析现有合作机制。因此，计算 $0 \leq a \leq 40$ 时，不同努力水平下对应可能成本和收益，截取部分结果如表 5.1 所示。

表 5.1　不同努力水平下的计算结果

| 努力水平 | 钻井数 | 勘探成本 | 其他成本 | 项目期望NPV | 中方公司期望NPV | 外方公司期望NPV | 政府期望收益 |
|---|---|---|---|---|---|---|---|
| $a_1$ | 1 | 62.87 | 6922.97 | 3932.78 | 171.00 | 72.18 | 22614.58 |
| $a_5$ | 5 | 257.93 | 23272.27 | 13191.54 | 567.64 | 224.80 | 76013.08 |

续表

| 努力水平 | 钻井数 | 勘探成本 | 其他成本 | 项目期望NPV | 中方公司期望NPV | 外方公司期望NPV | 政府期望收益 |
|---|---|---|---|---|---|---|---|
| $a_{10}$ | 10 | 419.78 | 30898.12 | 17466.21 | 742.13 | 268.75 | 100906.57 |
| $a_{20}$ | 20 | 636.11 | 34215.78 | 19235.46 | 800.22 | 231.03 | 111699.09 |
| $a_{30}$ | 30 | 815.78 | 34572.01 | 19328.40 | 790.17 | 165.45 | 112810.45 |
| $a_{40}$ | 40 | 989.91 | 34610.26 | 19242.39 | 774.10 | 97.17 | 112880.31 |

注：计算中选择CF=0.2，储量均值15亿桶，方差为均值的40%，货币单位为百万美元。

对期望值进行排序筛选，可以得到不同情况下的努力水平，及对应的成本、收益等信息，如表5.2所示。

表5.2　不同努力水平下的收益

| 努力水平 | 钻井数 | 勘探成本 | 其他成本 | 项目期望NPV | 中方公司期望NPV | 外方公司期望NPV | 政府期望收益 |
|---|---|---|---|---|---|---|---|
| $a^*$ | 27 | 762.96 | 34531.17 | 19337.73 | 794.54 | 185.67 | 112693.09 |
| $a^{NOC}$ | 20 | 636.11 | 34215.78 | 19235.46 | 800.22 | 231.03 | 111699.09 |
| $a^{IOC}$ | 11 | 445.71 | 31641.47 | 17876.59 | 757.75 | 269.11 | 103330.84 |
| $a^{GOV}$ | 38 | 955.20 | 34607.68 | 19262.43 | 777.35 | 110.89 | 112883.00 |

注：计算中选择CF=0.2，储量均值15亿桶，方差为均值的40%，货币单位为百万美元。

根据表5.2的结果，可以计算出：$EF^{NOC}$=99.47%，$EF^{IOC}$=92.44%，$OF$=41%。

分析合同的激励效果，必须考虑不同情况下的结果。表5.1与表5.2列示了在CF=0.2，储量均值为15亿桶时的情况。在CF=0.2时，计算不同储量均值下的努力水平和激励效率，作为进一步分析的基础，如表5.3所示。在计算中，对于石油公司而言，若最优情况下的期望NPV仍然小于0，则放弃投资，努力水平为0，收益为0。

表 5.3　不同储量均值下的激励效率（CF=0.2）

| 努力水平 | 钻井数 | 勘探成本 | 项目期望 NPV | 中方公司期望 NPV | 外方公司期望 NPV | 政府期望收益 | 激励效率/偏移率 |
|---|---|---|---|---|---|---|---|
| | | | 储量均值 =2 亿桶 | | | | |
| $a^*$ | 13 | 493.54 | 878.17 | −247.83 | −460.96 | 10475.70 | |
| $a^{NOC}$ | 0 | 0.00 | 0.00 | 0.00 | 0.00 | 0.00 | 0.00% |
| $a^{IOC}$ | 0 | 0.00 | 0.00 | 0.00 | 0.00 | 0.00 | 0.00% |
| $a^{GOV}$ | 40 | 989.91 | 639.13 | −308.57 | −705.53 | 11065.22 | 207.69% |
| | | | 储量均值 =5 亿桶 | | | | |
| $a^*$ | 21 | 654.76 | 5089.57 | 99.33 | −263.05 | 32788.61 | |
| $a^{NOC}$ | 12 | 470.23 | 4873.98 | 107.44 | −187.22 | 30856.83 | 95.76% |
| $a^{IOC}$ | 0 | 0.00 | 0.00 | 0.00 | 0.00 | 0.00 | 0.00% |
| $a^{GOV}$ | 34 | 885.64 | 4994.77 | 78.86 | −361.08 | 33027.41 | 61.90% |
| | | | 储量均值 =10 亿桶 | | | | |
| $a^*$ | 25 | 727.40 | 12203.76 | 443.10 | −50.09 | 72932.78 | |
| $a^{NOC}$ | 18 | 597.91 | 12103.20 | 448.11 | −2.12 | 71928.76 | 99.18% |
| $a^{IOC}$ | 6 | 295.86 | 9189.36 | 353.98 | 58.54 | 54089.51 | 75.30% |
| $a^{GOV}$ | 36 | 920.44 | 12127.93 | 427.04 | −126.42 | 73124.59 | 44.00% |
| | | | 储量均值 =15 亿桶 | | | | |
| $a^*$ | 27 | 762.96 | 19337.73 | 794.54 | 185.67 | 112693.09 | |
| $a^{NOC}$ | 20 | 636.11 | 19235.46 | 800.22 | 231.03 | 111699.09 | 99.47% |
| $a^{IOC}$ | 11 | 445.71 | 17876.59 | 757.75 | 269.11 | 103330.84 | 92.44% |
| $a^{GOV}$ | 38 | 955.20 | 19262.43 | 777.35 | 110.89 | 112883.00 | 40.74% |
| | | | 储量均值 =25 亿桶 | | | | |
| $a^*$ | 29 | 798.23 | 33623.13 | 1600.84 | 759.21 | 190726.84 | |
| $a^{NOC}$ | 22 | 673.18 | 33501.39 | 1608.01 | 801.30 | 189638.89 | 99.64% |
| $a^{IOC}$ | 15 | 537.31 | 32635.47 | 1580.06 | 823.87 | 184349.64 | 97.06% |
| $a^{GOV}$ | 40 | 989.91 | 33552.62 | 1579.22 | 686.18 | 190949.61 | 37.93% |

续表

| 努力水平 | 钻井数 | 勘探成本 | 项目期望NPV | 中方公司期望NPV | 外方公司期望NPV | 政府期望收益 | 激励效率/偏移率 |
|---|---|---|---|---|---|---|---|
| 储量均值 =50 亿桶 | | | | | | | |
| $a^*$ | 33 | 868.21 | 69368.55 | 3778.54 | 2313.92 | 384174.81 | |
| $a^{NOC}$ | 26 | 745.23 | 69277.67 | 3788.25 | 2354.60 | 383281.16 | 99.87% |
| $a^{IOC}$ | 20 | 636.11 | 68750.34 | 3771.92 | 2373.75 | 380031.59 | 99.11% |
| $a^{GOV}$ | 40 | 989.91 | 69328.13 | 3761.81 | 2268.68 | 384343.19 | 21.21% |

注：计算中选择 CF=0.2，方差为均值的 40%，货币单位为百万美元。

为了使分析更直观，将激励效率和偏移率通过折线图的形式表现；为了分析更全面，分别将 CF=0.2、0.4、0.6 时不同储量下石油合同对石油公司的激励效率和政府期望收益的偏移率绘图描述，如图 5.1 至图 5.4 所示。图 5.1 至图 5.3 为对激励效率的描绘，在中国海上石油合作中，由外国石油公司负责勘探阶段并进行决策，激励机制的研究应面向国际石油公司，为了更进一步说明问题，将对国家石油公司可能的激励效率也列于图中，以方便比较。

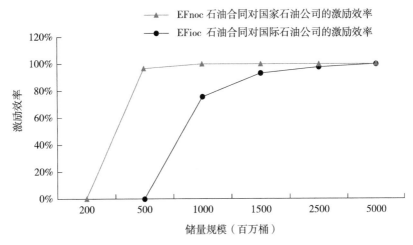

图 5.1　激励效率随储量规模变化（CF=0.2）

从图 5.1 中的折线 EFioc 可以明显看出，当前合同对国际石油公司的激励效果随着储量的增加而变好，也就是说当前合同的激励机制更适合储量规模大的石油项目，而对规模较小的项目，激励机制则需要改进。

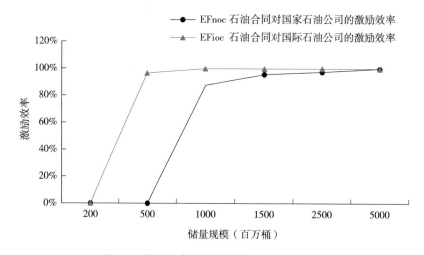

图 5.2　激励效率随储量规模变化（CF=0.4）

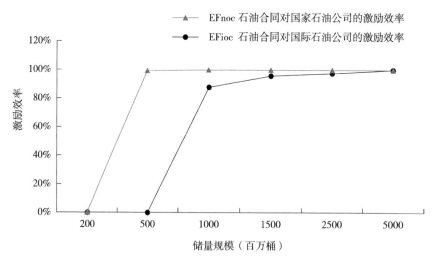

图 5.3　激励效率随储量规模变化（CF=0.6）

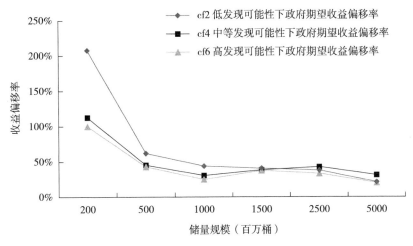

图 5.4　偏移率随发现规模和发现可能性变化

对比图 5.2 和图 5.1 可以看出，当 CF 增加到 0.4，也就是发现可能性翻倍时，合同的激励效果明显变好；在中等发现可能性下，只有储量特别低时，激励效率为 0，其他情况下则接近 100%。这说明，当前的合同更适合资源禀赋好、地质风险低的情况，而在发现可能性低时，则应改进机制，增加激励效果。

对比图 5.3 和图 5.2 可以看出，当 CF 达到 0.4 后，再继续增加到 0.6，石油合同激励效果的变化并不明显。也就是说，当前的石油合作机制，在中等发现可能性和高发现可能性下，表现出趋同的激励效果。

综合图 5.1 至图 5.3，当储量高、地质发现可能性高的时候，石油合同的激励效果较好，而当储量低、地质发现可能性低的时候，石油合同的激励效果较差。也就是说，从对石油公司的激励角度分析，当前的中国海上石油合作机制更适合资源禀赋高的区块，而对于资源禀赋低的区块，则需要改进机制，促进合作。

进一步比较三幅图中的六条折线，假设勘探方案由国家石油公司进行决策，显然，在不同风险情况下，当前的石油合作机制对国家石油公司的激励都远优于对国际石油公司的激励。考虑到现实情况，国家石油公司不承担勘探风险，但勘探成功后可参与投资，获得一定比例的开发收益，因此显然更倾向于增加勘探投资，以增加未来收益的可能性。由此可以看出，在机制设计中，通过财税方法降低国际石油公司所承担的勘探风险，也是加强激励的一种方式。

图 5.4 则是对偏移率的描绘。

根据图 5.4 显示，在现有合同下，储量越大期望收益的偏移率越小，也就是储量越大，对资源国政府利益的保障力度越大。这说明从资源国政府角度分析，现有合作机制更适合储量较大的情况，而储量较小时，对资源国政府的保障机制需要改进。比较折线 cf2 和 cf4 则可以看出，随着发现可能性增大，政府期望收益的偏移率在低储量时变小，在高储量是反而有所增加。这说明，当前的合作机制更适合中等发现可能性和中低储量的情况，而在资源禀赋较好的高储量情况下，对政府收益的保障有待改进。综合比较三条折线，则可以发现，中等发现可能性和高发现可能性下，两条曲线的位置非常接近，这说明当前的合作机制在较高的发现可能性下对政府收益的保障程度接近。而折线 cf2 在储量规模较小时偏移率较大，在储量规模较大时，与另外两条折线位置接近，这说明当前的合作机制在第发现可能性低储量时对政府收益保障不足。

油藏的地质特征除了可以通过期望储量描述，还可以通过发现可能性描述，也就是机会因子 CF。CF 取值越大，发现油藏的可能性越大。对数据进行整理，比较不同储量规模下，合同对于国际石油公司的激励效率随机会因子 CF 的变化，如图 5.5 所示。

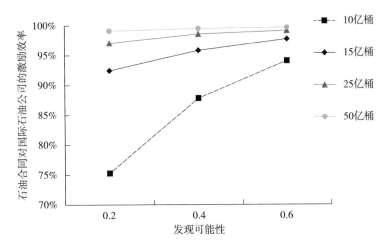

图 5.5　不同储量水平下激励效率随 CF 的变化

　　图 5.5 清晰的显示出，当前的石油合作机制对国际石油公司的激励，在不同的发现可能性下表现出明显的差别。高发现可能性下的激励效果明显优于低发现可能性。发现可能性越大，说明勘探风险越小。在油气资源开发中，石油公司承担全部的勘探风险，这使得石油公司更愿意投资于风险小的项目。这也说明当前的合同没有充分平衡风险大时对石油公司的激励问题。

　　综合分析图 5.1 至图 5.5。当前的石油合作机制对国际石油公司的激励在低发现可能性、低储量的情况下激励效果不佳，随着发现可能性的增加和储量的增加，激励效果逐渐转好。由于国家石油公司不承担勘探风险，合作机制对国家石油公司的激励明显优于对国际石油公司的激励。而合作机制在对资源国政府收益的保障方面，在低发现可能性和低储量时资源国政府的期望收益偏移率较大，保障效果不好，在中等发现可能性和中等储量规模时，保障效果最好。随着储量的继续增加，期望收益偏移率略有增加，保障效果略微变弱。这些结果说明，现有的中国海上石油合作机制在油气资源的风险大、资源禀赋不佳时缺乏对国际石油公司的激励，在储量大、资源禀赋佳时对资源国政府收益的保障不足。

## 二、对优惠政策的机制分析

由于在当前的石油合作合同下，南海地区的很多区块招标不成功，以此为背景，中国政府采取税收优惠的政策对合同进行调整。从机制设计的角度分析，这些优惠政策就是对激励机制的调整，也就是对模型（5.1）中的征税比例 $t_{bf}$、$t_{bv}$ 和 $t_{af}$、$t_{av}$ 进行调整。接下来将分类分析这些调整是否对激励机制有改进，使得实际的激励机制更接近模型的最优解。

1. 成本回收前固定比例税收优惠的影响

在中国海上石油合作合同中，成本回收前的固定比例税收 $t_{bf}$ 包括增值税和矿产资源补偿费，税率分别为 5% 和 1%，对其进行优惠就是对这部分税费免征，也就是令 $t_{bf1}= t_{bf2}=0$。此时的项目和各方期望收益重新计算，对比调整前后的激励效率，和政府期望收益偏移率如图 5.6 至图 5.11 所示。

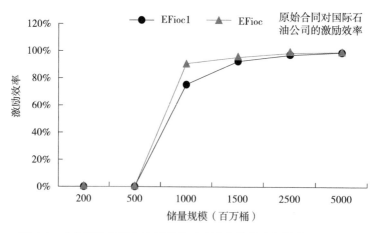

图 5.6　成本回收前固定比例税收对石油公司激励的影响（CF=0.2）

由图 5.6 可以看出，在低发现可能性下，两条曲线的位置非常接近，仅在中等储量规模时，优惠政策使得对石油公司的激励效率有一定程度的提高。这说明对于风险较大的项目，成本回收前固定比例税收的优惠仅在中等储量规模时对激励效果有所改进，在高储量和低储量时对激励机制的改进效果均不明显。

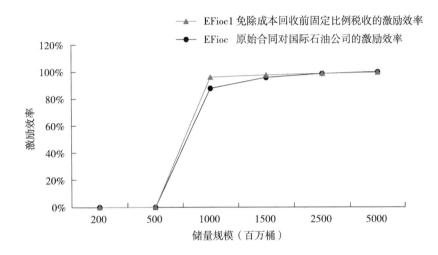

图 5.7　成本回收前固定比例税收对石油公司激励的影响（CF=0.4）

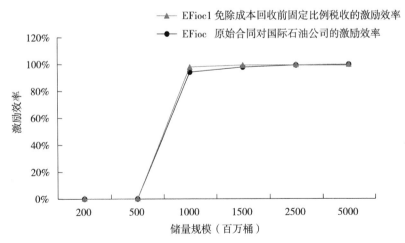

图 5.8　成本回收前固定比例税收对石油公司激励的影响（CF=0.6）

比较图 5.6 至图 5.8 可以得出，随着发现可能性的增加，也就是勘探风险的减小，税收优惠政策对激励机制的改进效果越来越弱。所以，成本回收前固定比例税收优惠对石油合作中激励机制的改进效果并不明显，仅在勘探风险大、储量规模中等的情况下有一定的改进作用。

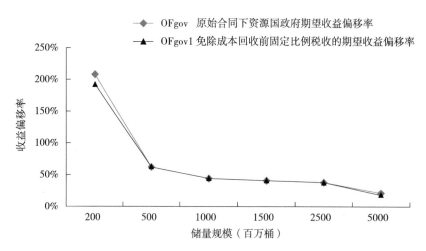

图 5.9　成本回收前固定比例税收对政府收益的影响（CF=0.2）

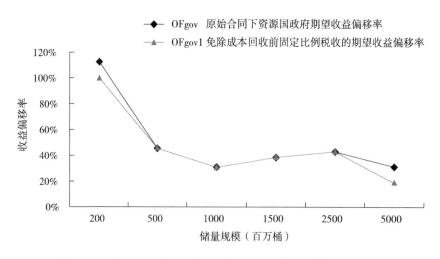

图 5.10　成本回收前固定比例税收对政府收益的影响（CF=0.4）

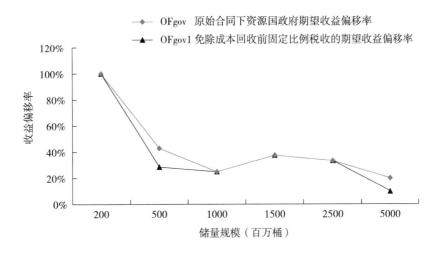

图 5.11　成本回收前固定比例税收对政府收益的影响（CF=0.6）

由图 5.9 可以看出，在低发现可能性下，两条折线基本重合，税收优惠政策对资源国政府期望收益偏移率没有明显的改进作用。

比较图 5.10 和图 5.9 得出，随着发现可能性的增加，税收优惠政策使得资源国政府的期望收益偏移率在高储量和低储量时起到了一定的改进作用。

比较图 5.9 至图 5.11 得出，发现可能性较大时，税收优惠政策在高储量和低储量时对资源国政府收益的保障有一定的改进，在中等储量时，没有影响，既没有使其变好，也没有使其变得更差。

综合分析图 5.6 至图 5.11 得出，成本回收前固定比例税收的优惠，在中等储量规模时对石油公司的激励机制有比较小的改进作用，且随着发现可能性的增加改进效果减弱。与此同时，对资源国政府收益的保障，则是在中等发现规模时没有明显作用，在较高的发现可能性下的高储量和低储量时有比较小的改进作用。这一结果也说明了成本回收前的固定比例税收对激励机制的设计没有明显的负面影响，在需要的时候可以适当增加这部分税收。

## 2. 成本回收前滑动比例税收优惠的影响

成本回收前的滑动比例税收 $t_{bv}$ 包括特别收益金 $t_{bv2}$ 和矿区使用费 $t_{bv1}$，特别收益金在油价大于 70 美元/桶时滑动征收，矿区使用费根据产量在 0—12.5% 之间滑动征收。对其进行优惠就是对这部分税费免征，也就是令 $t_{bv1}= t_{bv2}=0$，此时的项目和各方收益重新计算，对比调整前后的激励效率和政府期望收益偏移率，如图 5.12 至图 5.17 所示。

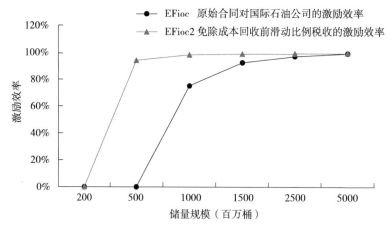

图 5.12　成本回收前滑动比例税收对石油公司激励的影响（CF=0.2）

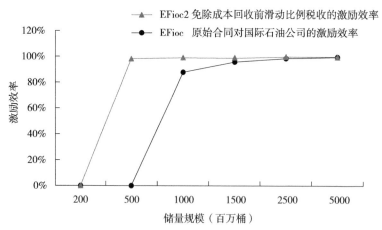

图 5.13　成本回收前滑动比例税收对石油公司激励的影响（CF=0.4）

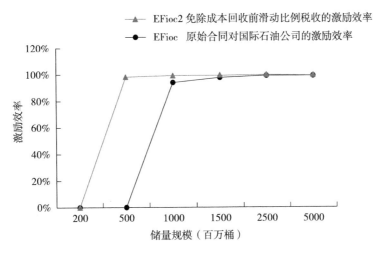

图 5.14　成本回收前滑动比例税收对石油公司激励的影响（CF=0.6）

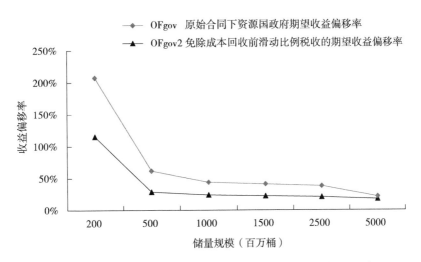

图 5.15　成本回收前滑动比例税收对政府收益的影响（CF=0.2）

由图 5.12 可知，在地质发现可能性较低的情况下，成本回收前滑动比例税收优惠对国际石油公司的激励效果在不同储量规模时均有明显的改进作用。

比较图 5.12 至图 5.14 得出，随着发现可能性的增加，成本回收前滑动比例税收优惠使得对石油公司的激励效率越来越高。除了极低储量的情况下，成本回收前滑动比例税收优惠对石油合作中的激励机制有明显的改进作用。

由图 5.15 可知，在税收优惠下的折线 OFgov2 明显低于原始折线 OFgov。这说明，在较低的地质发现可能性下，成本回收前滑动比例税收优惠对资源国政府的收益保障机制有明显的改进作用。

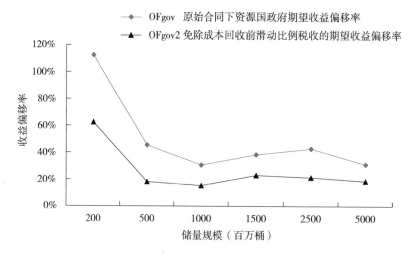

图 5.16　成本回收前滑动比例税收对政府收益的影响（CF=0.4）

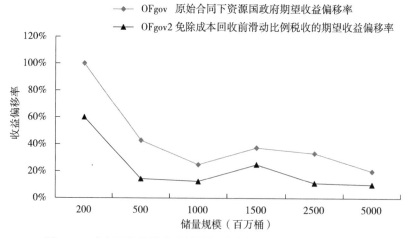

图 5.17　成本回收前滑动比例税收对政府收益的影响（CF=0.6）

比较图 5.15 至图 5.17 得出，成本回收前滑动比例税收优惠在不同储量下均对资源国政府的收益保障机制有明显的改进作用，并且随着勘探风险的减小，改进作用增强。

综合分析图 5.12 至图 5.17 得出，成本回收前的滑动比例税收优惠，除了发现规模极低，为 2 亿桶时，石油公司选择不投资，在其他发现规模下，对合同的激励机制有非常明显的改进作用，与最优结果非常接近。与此同时，该措施对政府收益保障机制也有明显的改进作用。这说明，在需要加强激励效果时，可以免除这部分税收以改进合同的激励机制，同时增加对政府收益的保障。

3. 成本回收后固定比例税收优惠的影响

在中国的石油合同中，成本回收后的固定比例税收 $t_{af}$ 就是对石油公司利润分成后征收的所得税，税率为 33%。根据优惠政策，这一部分税收并非全免，而是在石油公司获得利润后的最初三年免征，之后的三年征收一半，再之后正常征收。也就是在获得收益后的最初三年令 $t_{af}=0$，之后的三年令 $t_{af}=16.5\%$，然后恢复正常，此时的项目和各方期望收益重新计算，对比调整前后的激励效率和资源国政府期望收益偏移率，如图 5.18 至图 5.23 所示。

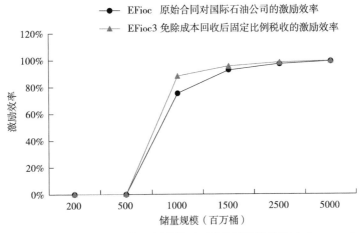

图 5.18　成本回收后固定比例税收对石油公司激励的影响（CF=0.2）

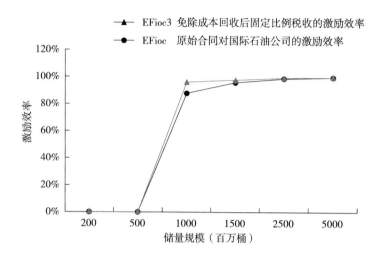

图 5.19　成本回收后固定比例税收对石油公司激励的影响（CF=0.4）

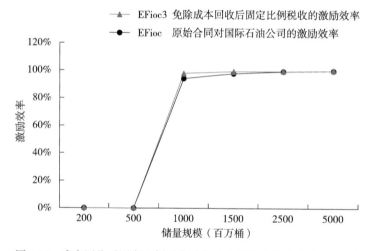

图 5.20　成本回收后固定比例税收对石油公司激励的影响（CF=0.6）

根据图 5.18 的描述，在低储量发现规模下，优惠后的激励效率曲线 EFioc3 与原始合同下的激励效率曲线 EFioc 区别不大，即在中等储量规模时，曲线 EFioc3 略高于曲线。这说明成本回收后固定比例税收优惠对石油公司激励机制的改进效果不明显，仅在中等储量规模时略有改进。

比较图 5.18 至图 5.20 得出，随着发现可能性的增加，也就是勘探风险的减小，成本回收后固定比例税收对石油合作激励机制的改进效果越来越不明显。所以，成本回收前固定比例税收对中国海上石油合作机制的改进并不明显。

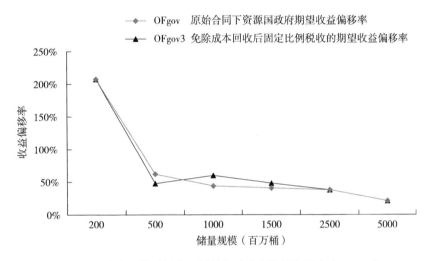

图 5.21　成本回收后固定比例税收对政府收益的影响（CF=0.2）

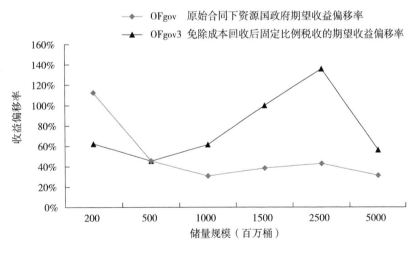

图 5.22　成本回收后固定比例税收对政府收益的影响（CF=0.4）

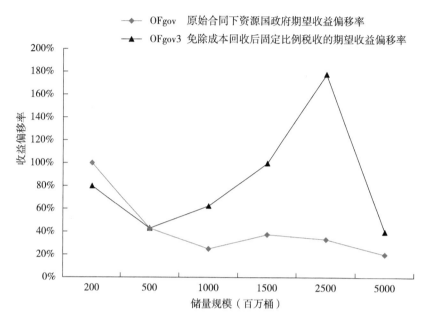

图 5.23　成本回收后固定比例税收对政府收益的影响（CF=0.6）

根据图 5.21 的描述，在较低的勘探发现可能性下，优惠前后的两条曲线 OFgov 和 OFgov3 位置非常接近，甚至出现交叉的现象。这说明，成本回收后固定比例税收优惠对资源国政府的保障机制没有明显的改进作用，甚至在某些地质情况下保障效果更差。

图 5.22 表明，在中等勘探发现可能性下，税收优惠后的政府期望收益偏移率曲线 OFgov3 明显比原始合同下的偏移率曲线 OFgov 位置高。这说明，成本回收后固定比例税收优惠使石油合同对资源国政府收益的保障效果变差。

比较图 5.21 至图 5.23 可得，随着勘探发现可能性的增加，优惠政策使得政府期望收益的偏移率越来越大，也就是说，成本回收后固定比例税收使得石油合同对政府收益的保障效果变差。

综合分析图 5.18 至图 5.23 可得，所得税的减免对石油公司的激励效率基本没有改进作用，但是使得政府收益与最优设计的偏移率明显增大。也就是说，这一部分的减免不仅不能改进激励机制，反而使合同设计远离最优目标。因此，在实践中，这一部分税收不应减免，甚至在某些情况下可以适当增收，以保证较高储量时政府的收益。

**4. 产品分成优惠的影响**

在中国的石油合同中，成本回收后的滑动比例税收 $t_{av}$ 就是与石油公司利润油的分成，分成比例 $t_s$ 根据产量在 45%—96% 之间滑动征收。这一部分优惠包括全免和免征一半两种情况。在计算分析中发现，两种情况对激励机制的影响效果接近，因此选择全免的情况进行说明，此时的项目和各方期望收益重新计算，对比调整前后的激励效率和政府期望收益偏移率，如图 5.24 至图 5.29 所示。

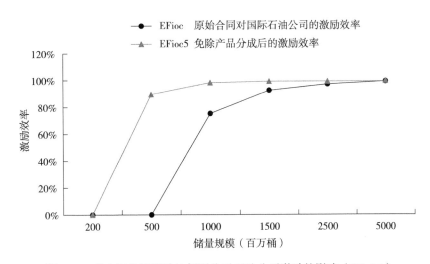

图 5.24　成本回收后滑动比例税收对石油公司激励的影响（CF=0.2）

由图 5.24 可知，在勘探发现可能性低的情况下，优惠政策使得石油合同对石油公司的激励效率曲线上移，这说明成本回收后的滑动比例税收优惠对石油合作的激励机制有一定的改进效果。

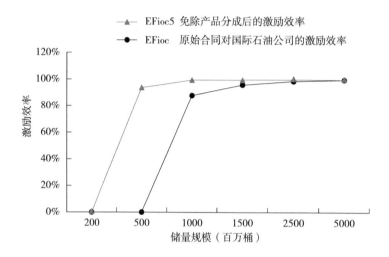

图 5.25　成本回收后滑动比例税收对石油公司激励的影响（CF=0.4）

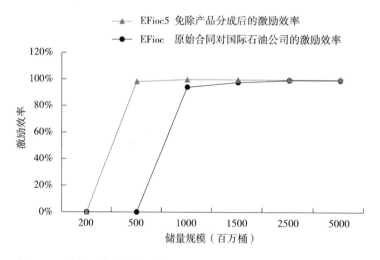

图 5.26　成本回收后滑动比例税收对石油公司激励的影响（CF=0.6）

　　比较图 5.24 至图 5.26 可得，随着勘探发现可能性的增加，也就是地质风险的减小，成本回收后滑动比例税收优惠对中国海上石油合作中激励机制的改进效果逐渐减弱。

　　由图 5.27 中的两条曲线可以看出，在低勘探发现可能性下，成本回收后滑动比例税收优惠对政府收益保障机制有比较小的改进作用。

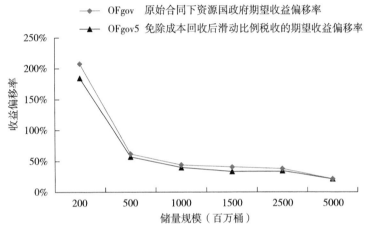

图 5.27　成本回收后滑动比例税收对政府收益的影响（CF=0.2）

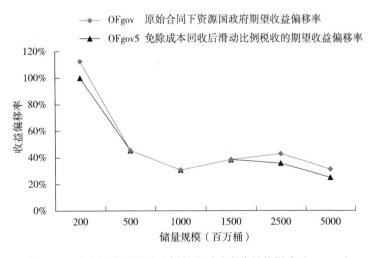

图 5.28　成本回收后滑动比例税收对政府收益的影响（CF=0.4）

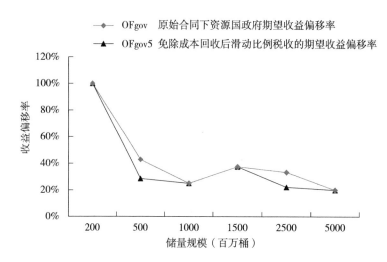

图 5.29　成本回收后滑动比例税收对政府收益的影响（CF=0.6）

　　比较图 5.27 至图 5.29 可得，随着勘探发现可能性的增加，成本回收后滑动比例税收的优惠使得石油合同对资源的政府利益的保障机制有所改善，但改善程度很小，且在不同的发现可能性下，特征略有区别。

　　综合分析图 5.24 至图 5.29 可得，分成的优惠在储量较小或地质情况不佳时，对石油公司的激励效率有一定的提高，对政府收益的改进作用很小。所以，适当调整合同中产量较低时的分成比例，可以在一定程度上改进激励机制。

第  章

# 油气资源开发激励机制比较

本章基于本书已形成的理论和应用方法，比较几种常见合同模式在不同地质条件、油价等情景下的激励机制特征，分析这些机制特征对石油公司激励效果、资源国政府收益等方面的影响，总结油气资源开发机制设计规律。

## 第一节　石油合同和比较指标选取

### 一、石油合同的选取

产品分成合同、矿费税收制合同、服务合同是当前国际石油合作中最常见的三种合作模式。根据第三章的分析，三种合同在结构和收入分配方式方面存在明显的差别。本章应用第四章所构建的机制设计模型对三种石油合同模式背后的机制设计问题进行比较研究，探讨石油合作和机制设计之间更深层次的关系。

为了使研究和分析更具现实意义，选择尼日利亚、哈萨克斯坦、伊拉克这三个典型国家的产品分成合同、矿合同和服务合同进行运算和分析。

由于勘探项目和开发项目在地质风险方面具有显著的差别，本章分别在这两种情况下开展财税体系的比较分析。

## 二、比较指标的选取

为了更清晰的分析和比较不同合同在不同情况下表现出来的机制特质，定义两个指标作为观测变量，以实现对不同情况下石油合作机制特征的分析。

对石油合作机制的研究是为了改进设计，促进实现石油合作双方的利益，所以对当前各国石油合作机制的研究，重点关注其在不同情况下对收益的影响。根据机制设计模型，当项目的期望净现值最大时，才能实现委托人和代理人双方的收入最大化，对石油公司的进行合理激励才能实现项目的净现值最大。基于此，定义一个指标反映石油合作机制对石油公司的激励情况。资源国政府作为油气资源的所有者，在制定油气资源开发政策时，更关心的是本国的收益，所以定义一个指标反映石油合作机制对政府收益的影响。

分析模型（4.23）和模型（4.25），其最优解与项目整体收益最大时石油公司选择的勘探方案或开发方案对应。对于勘探项目，收益最大可以表示为

$$\max_{a_e} \int_0^{\bar{\theta}} \pi(a_e,\theta)\varphi(a_e,\theta)\mathrm{d}\theta \qquad (6.1)$$

对于开发项目，收益最大可以表示为

$$\max_{a_d} \int_0^{r_{peak}} \pi(a_d,\theta)g(\theta)\mathrm{d}\theta \qquad (6.2)$$

其中，$a_e$ 表示勘探方案，$a_d$ 表示开发方案。

由式（6.1）和式（6.2）可以求出不同类型的项目中，项目净现值最大

时石油公司需要选择的行动 $a^*$（$a=a_e$ 或 $a_d$）。而根据模型（4.23）和模型（4.25）中的约束条件（IC）则可以求出在现有合同条款下，石油公司以自身效用最大化为目标实际选择的行动方案 $a'$。为了分析方便，定义 $a^*$ 对应的项目收益为 $\pi^*$，$a'$ 对应的项目收益为 $\pi'$。显然，$\pi^* \geqslant \pi'$，$\pi'$ 与 $\pi^*$ 的差值反映了实际合同对石油公司的激励与最优激励的差距，也就代表了石油合作机制对石油公司的激励效果。定义指标 $\Delta\pi$ 表示项目净现值在实际方案与最优方案之间的差值，则：

$$\Delta\pi=\pi^*-\pi' \tag{6.3}$$

其中，$\pi^*$ 和 $\pi'$ 可以通过式（6.1）、式（6.2）和式（4.23）、式（4.25）求得。显然，$\Delta\pi$ 越小则激励效果越好，激励机制的表现越优。

实际上，对于同一个项目，不同合同下石油公司选择的方案不同，项目的净现值不同，可以直接反映出合同对于石油公司的激励效果不同，项目净现值越高，说明投资越合理，激励效果越好。但是，在某些情况下，数据差别过大或过小，很难通过图示形象的描述，所以，对于不容易描述的，通过式（6.3）来分析；而可以通过图形清楚描述的，则不再求 $\Delta\pi$，直接比较不同合同下的 $\pi'$。

在分析政府收益的保障方面，定义指标 $EREV_G$ 表示政府在石油公司选择的实际方案 $a'$ 时的期望收益，可以通过式（4.23）、式（4.25）求得，用以比较不同合同对政府期望收益的保障。

## 第二节　不同合同在勘探项目中的机制特征

根据油气资源开发的一般情况，勘探项目中主要运用产品分成合同和矿税合同，服务合同基本不在勘探项目中运用。在本节的研究中，基于勘探项目的石油合同机制分析也考虑了将服务合同运用于勘探项目的情况，作为比较分析的参考。

## 一、激励机制的比较分析

对于激励机制的比较，主要关注石油合同在不同风险和不同储量规模下对石油公司的激励效果，并结合资源国的现实情况分析其特征和适用性。第四章定义的机会因子 CF 反映了勘探风险，CF 越小，勘探发现可能性越小，风险越大。在不同的风险程度下，根据式（6.3）的定义，计算不同合同下的 $\Delta\pi$，即激励效果随储量变化情况，结果如图 6.1 至图 6.3 所示。

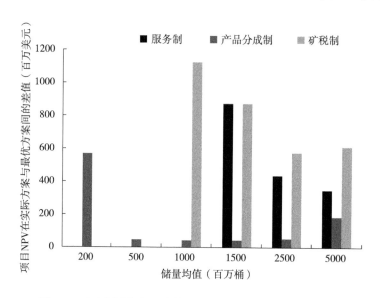

图 6.1　石油合同在高风险勘探项目下的激励机制（CF=0.2）

注：根据计算结果，三种财税体系下不存在实际方案与最佳方案一致的情况，图中差距为零是指在实际方案和最优方案之间，石油公司均不选择合作。

图 6.1 中，在较低产量时，只有产品分成合同下的项目 NPV 与最优 NPV 有差值，这并不是说明低产量时产品分成合同激励机制最差，而是在

低产量时，另外两种合同下石油合作不能实现，也就是说，低产量时只有产品分成合同能够发挥激励作用，矿税制和服务合同失效。在中高产量时，产品分成合同下的项目 NPV 与最优方案下的项目 NPV 差值最小，明显小于

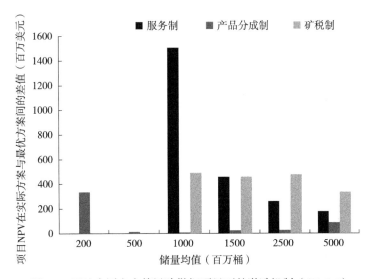

图 6.2　石油合同在中等风险勘探项目下的激励机制（CF=0.4）

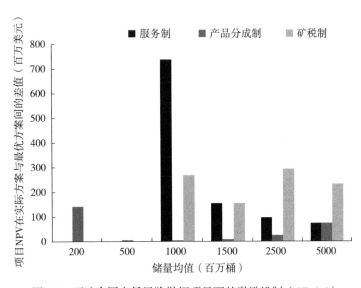

图 6.3　石油合同在低风险勘探项目下的激励机制（CF=0.6）

矿费税收制合同。而服务合同仅在产量较高时，才能使石油合作实现。所以，对于高风险的勘探项目，产品分成合同的激励机制最有效果，矿费税收制次之。服务合同不适合高风险的勘探开发项目。

比较图 6.1 至图 6.3 可得，随着勘探风险的减小，产品分成合同的激励效果有所提高，但是并不明显。而矿税制合同的激励效果在中等风险和低风险的情况下出现了显著的提升，最佳的激励效果出现在低风险中等储量的情况下。而服务合同的激励效果始终是最差的，这也符合油气资源开发的一般经验，因此服务合同一般不出现在勘探项目的合作中。

总之，从激励机制的角度考虑，对于勘探项目，产品分成合同激励效果最好，适用范围最广；矿费税收制合同在中高储量、中低风险时可以使用。也就是说，在选择石油合同时，风险大、预期储量低的勘探项目更应选择产品分成合同，其他情况下产品分成合同和矿费税收制合同都可适用，需根据政府收益保障程度均衡考虑。

## 二、政府收益保障机制比较分析

资源国政府开放本国油气区块开展油气资源开发，最终目的是实现自身的收益，所以，在对激励机制进行深入研究的同时，也不能忽略石油合作机制对本国利益的保障。根据 6.1 节的分析和定义，计算出同一勘探项目下，资源国政府在不同石油合同下所能获得的期望收益 $EREV_G$，结果绘于图 6.4 至图 6.6 中。

图 6.4 表明，对于高风险勘探项目，只有产品分成合同能够使资源国政府在预期储量较低时获得收益。但是随着预期储量的增加，达到中高水平时，资源国政府在产品分成合同下得到的收益是最少的，矿费税收制合同能够使资源国获得更大的利益。

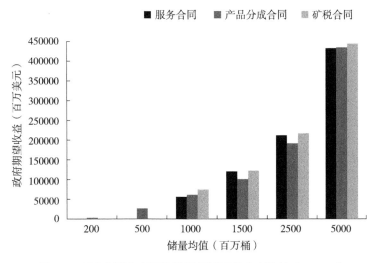

图 6.4　石油合同在高风险勘探项目下的政府收益（CF=0.2）

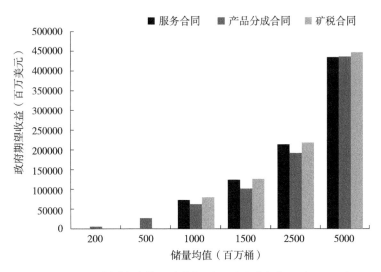

图 6.5　石油合同在中等风险勘探项目下的政府收益（CF=0.4）

结合图 6.1 分析可得，产品分成合同的激励效果显然是最好的，矿税制次之，但是政府收益的保障在不同储量水平下显示出不同结果。这说明，对于风险大的勘探项目，更应关注对石油公司的激励，选择产品分成合同，

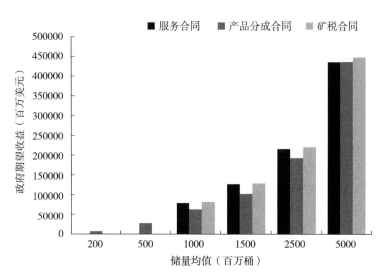

图 6.6　石油合同在低风险勘探项目下的政府收益（CF=0.6）

保证项目的顺利实施。而在其他情况下，在保证激励效果的同时，更应考虑对政府收益的保障，因此矿税制更加合适。

根据以上分析，并结合三种石油合同的具体财税条款，可以认为成本回收前的税收对激励效果有较大影响，成本回收后对石油公司报酬的划分方法及对报酬的征税方式则对政府收益的保障有较大影响，可据此调整财税体系或设计具体的财税条款。

比较图 6.4 至图 6.6 可得，随着风险的降低，资源国政府的期望收益值有所增加，但不同合同下政府收益的相对值没有明显变化。也就是说，勘探风险对收益保障机制没有明显的影响，不同风险下，保障机制表现出相同的特征，都是低储量时运用产品分成合同更有可能获得收益，中高储量时矿费税收制合同能使资源国政府获得更多的收益。无论何种情况，服务合同的表现都不佳。

综合分析图 6.1 至图 6.6 可得，产品分成合同的激励效果最好，能够激励石油公司进行更多的投资，实现更多的项目总收益，石油公司也因此获利更大。但对政府收益的保障效果并非总是最好，在某些情景下，选择产品分成合同时的政府收益低于选择其他合同模式。这说明，激励机制的效果和政府收益保障效果并非线性对应关系，激励效果好，对政府收益的影响有时为正、有时为负。在设计或分析石油合同时，应根据现实情况全面分析比较。

所选的三个国家的石油合同在对石油公司的激励和对政府收益的保障方面之所以表现不同，和各个国家的资源禀赋、技术可获得性及资本丰裕程度有关。尼日利亚政府近二十年一直在大量推出其深水区块，这些区块风险极大，对技术和资金的要求也很高，需要能适应多种可能性的石油合同，激励石油公司进行投资。而伊拉克和哈萨克斯坦地区储量丰富，区块相对成熟，不确定性小，所以石油合同更注重保证政府能够得到充分的收益。哈萨克斯坦的情况则介于两者之间。

# 第三节　不同合同在开发项目中的机制特征

## 一、激励机制的比较分析

对于开发项目，开发方案的选择直接影响到生产规模，进而决定项目收益。根据式（6.2）求出项目期望净现值最大时对应的开发方案 $a_d*$，以及项目、石油公司和政府的期望收益。再根据式（4.25）的约束条件（IC）求出在不同财税体系的框架下，石油公司期望净现值最大时对应的开发方案 $a_{d'}$，以及项目、石油公司、政府的期望收益。在开发项目中，地质风险主要通过储量方差表示，方差越大，风险越大。不同合同在不同风险下的项目收益净现值反映了合同的激励情况，净现值越大，说明激励效果越好，如图 6.7 至图 6.9 所示。

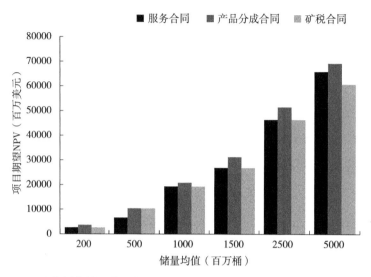

图 6.7　石油合同在低风险开发项目下的激励机制（标准差 = 储量均值 × 10%）

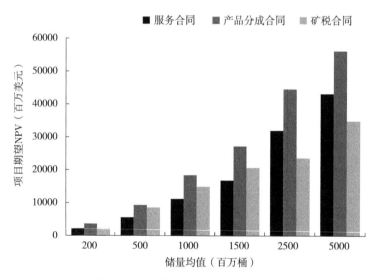

图 6.8　石油合同在中等风险开发项目下的激励机制（标准差 = 储量均值 × 20%）

　　由图 6.7 可知，在低风险开发项目中，三种合同均在不同产量下表现出有效的激励效果，其中产品分成合同的激励效果最好，服务合同次之。

一般情况下，项目进入到开发阶段后，石油公司所需承担的风险比勘探阶段小得多，石油合作机制中的激励机制设计对项目成功实施的影响较开发阶段小得多。

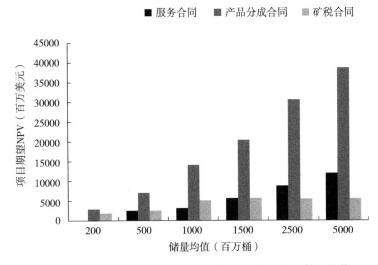

图 6.9　石油合同在高风险开发项目下的激励机制（标准差 = 储量均值 × 40%）

比较图 6.7 至图 6.9 可得，随着储量不确定性的增加，也就是开发风险的增加，产品分成合同在激励效果方面表现出逐渐增强的优势。这说明无论是勘探项目还是开发项目，地质风险是影响合同激励效果的重要因素，而产品分成合同的机制具有更大的灵活性，更适合风险大的项目。

## 二、政府收益保障机制比较分析

对于开发项目，石油公司承担的风险较勘探项目小得多，石油合作中资源国政府更关心自身利益的保障。根据本章第一节的分析和定义，计算出同一开发项目下，资源国政府在不同石油合同下所能获得的期望收益 $EREV_G$，结果绘于图 6.10 至图 6.12 中。

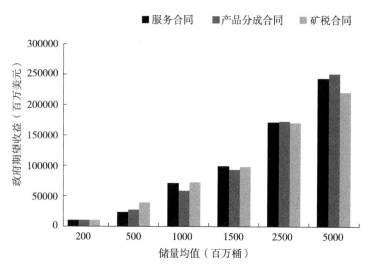

图 6.10　石油合同在低风险开发项目下的政府收益（标准差 = 储量均值 × 10%）

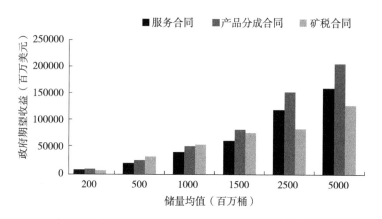

图 6.11　石油合同在中等风险开发项目下的政府收益（标准差 = 储量均值 × 20%）

由图 6.10 可知，对于低风险的开发项目，服务合同对政府收益保障效果更好。而随着储量规模的增加，服务制比矿税制更能保证政府收益，对比二者机制，服务制的税收和报酬多为固定比例或金额的形式，而矿税制多为滑动比例，这说明对于资源禀赋较好的开发项目，固定比例或金额的税收和报酬更能保证政府利益。

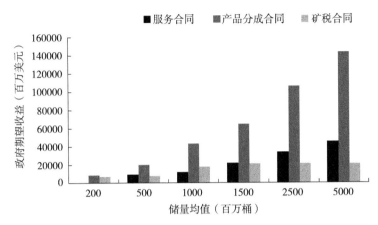

图 6.12 石油合同在高风险开发项目下的政府收益（标准差 = 储量均值 × 40%）

结合图 6.6，虽然产品分成合同对于石油公司的激励效果相对明显一些，但是政府收益却没有明显增加，甚至在很多情况下是最少的，这说明对于地质风险较小的开发项目，对石油公司的过度激励反而会影响政府收益。

比较图 6.10 至图 6.12 可得，当储量分布的标准差为期望的 20% 和 40% 的情况时，结果与图 6.10 所示有所区别。显然标准差越大，产品分成制的优势越明显。也就是说，对于开发项目，如果风险较大，财税体系的设计依然应该首先关注对石油公司的激励，才能保障资源国利益。当然，目前的多数开发合作风险很小。

# 第四节 稳健性分析

在国际油气合作中，除了资源、技术、资金之外，油价是影响国际油气合作最重要的市场因素。为了分析油价变化对于研究结果的影响，本节在不同油价下重新对石油合作机制进行评估。前述计算选择了方案的不确定性和储量规模在较大范围内变化时对三个财税体系进行对比分析。为了使对比结果更清晰，评估时选择的油价为 120 美元 / 桶。接下来分别进行油价为 100 美元 / 桶和 80 美元 / 桶下的计算分析，并观察结果的稳健性。

## 一、不同机制勘探项目中的稳健性

对于勘探项目，选择 CF=0.4，当油价分别为 100 美元 / 桶和 80 美元 / 桶时，计算结果如图 6.13 至图 6.16 所示。

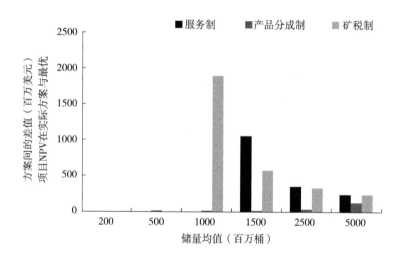

图 6.13　油价 100 美元 / 桶时石油合同在勘探项目的激励机制（CF=0.4）

由图 6.13 可知，当油价下降至 100 美元每桶时，产品分成合同依然表现出良好的激励效果，除了在最低预期储量时合同不能开展，其他情况下均可有效的激励石油公司开展勘探投资，且 $\Delta\pi$ 非常小，选择的方案非常接近最佳勘探方案。而矿税制合同在中高储量时对石油公司具有一定的激励作用。这与油价在 120 美元 / 桶时的研究结论相同。

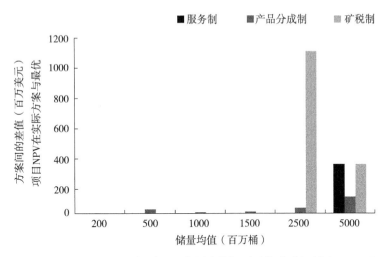

图 6.14　油价 80 美元 / 桶时石油合同在勘探项目的激励机制（CF=0.4）

由图 6.14 可知，当油价降至 80 美元 / 桶时，产品分成合同依然表现出良好的激励效果，而矿税制合同只有在高储量时才能实现石油合作。这说明产品分成合同的灵活程度高，适用于多种情况的石油合作，而矿税制合同则不够灵活。这与 6.2 节的结论相同。

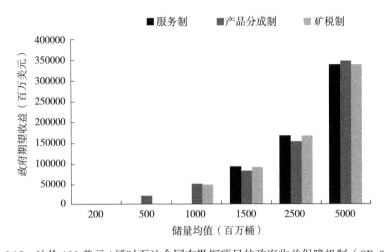

图 6.15　油价 100 美元 / 桶时石油合同在勘探项目的政府收益保障机制（CF=0.4）

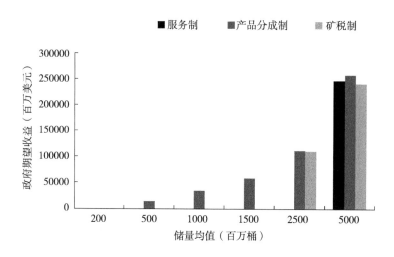

图 6.16　油价 80 美元 / 桶时石油合同在勘探项目的政府收益保障机制（CF=0.4）

比较图 6.13 至图 6.14 与图 6.1 至图 6.3 可得，在当前的石油合作机制下，随着油价的降低，石油合作成功率降低，特别是对预期储量较低的项目。这说明当前的石油合作激励机制对油价的适应性不足。在油价长期大幅下降的背景下，需要考虑石油公司的风险和收益，调整机制设计，促使油气资源开发成功开展，资源国政府才能获得收益。

由图 6.15 可知，在油价 100 美元 / 桶时，虽然产品分成合同的激励效果最优，但是对政府收益的保障不足，这与 6.2 节结论完全相同。

综合分析图 6.13 至图 6.16 可得，三种石油合同的激励特征不仅随资源禀赋的变化呈现明显特征，而且随着油价的降低，其在激励效果和政府收益保障方面的区别更加明显，产品分成合同适应性更强。这不仅适用地质风险高的情况，也适用于油价下跌的情况。

## 二、不同机制在开发项目中的稳健性

对于开发项目，选择储量分布的标准差为储量均值的 10%，当油价分别为 100 美元 / 桶和 80 美元 / 桶时，分析结果如图 6.17 至图 6.20 所示。

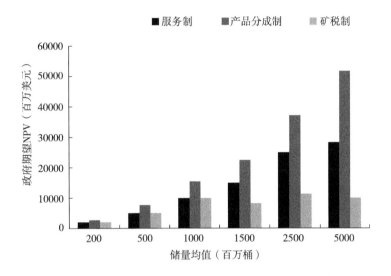

图 6.17 油价 100 美元 / 桶时石油合同在开发项目的激励机制（标准差 = 储量均值 ×10%）

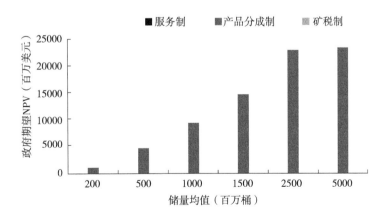

图 6.18 油价 80 美元 / 桶时石油合同在开发项目的激励机制（标准差 = 储量均值 ×10%）

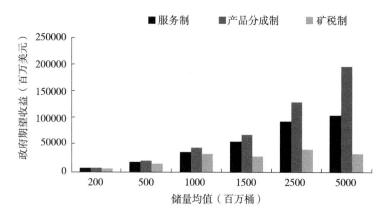

图 6.19    油价 100 美元 / 桶时石油合同在开发项目的政府收益保障机制
（标准差 = 储量均值 × 10%）

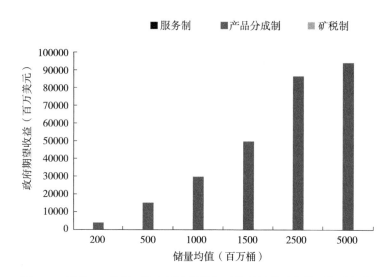

图 6.20    油价 80 美元 / 桶时石油合同在开发项目的政府收益保障机制
（标准差 = 储量均值 × 10%）

由图 6.17 可知，对于低风险开发项目，当油价下降为 100 美元 / 桶时，产品分成合同的激励效果最好，服务合同次之。这与图 6.10 结论相同。

综合分析图 6.17 至图 6.20 可知，与 6.3 节比较，不同油价下激励特征基本一致，对政府的收益保障结论也接近。只是由于油价的下跌，服务制即使在低风险情况下也不能保证优势，这说明该机制不仅受资源禀赋的影响，同时也受到油价的影响，因此当市场情况不好时政府应及时调整服务费金额以保证自身收益的最大化。而石油公司在选择使用此类财税体系的国家进行合作时，也应关注市场情况变化时的影响。对于开发项目，矿税制在不同的资源禀赋和市场情况下其激励效果和对政府收益的保障均是最差的。

# 油气资源开发的缔约机制

在缔约阶段，资源国政府选择和设计缔约机制以促成石油合作、最大化自身收益，石油公司基于对不确定条件下未来投资和收益的估算争取自身利益并做出能否参与石油合作的判断。油气资源勘探开发过程中的不确定性对资源国政府和石油公司的决策具有不可忽视的影响，是缔约阶段必须考量的因素。契约理论和机制设计理论为解决不确定条件下的缔约机制设计提供了一种思路和参考。

## 第一节　石油合作缔约的主要方式

### 一、石油合作合同由双方协商确定

根据契约理论，在事前信息不完全情况下，通过个人理性约束，由合作双方协商可以实现有效率的合作。常见的协商方式包括拍卖、双边议价等。油气资源勘探开发具有周期长、风险大、成本高的特点，缔约方式、石油合同条款的设计均需要考虑很多因素，包括签字费、税收、成本回收模式、分成比例等内容。如何以恰当的方式促成资源国政府和石油公司的合作，保证合同签署后项目能够顺利地开展并实现各方利益，是油气资源开发机制研究中的重要组成部分。

在实践中，拟参与石油合作的各方通过协商明确石油合作模式和具体合作细则，初步形成了基于表征指标的现实经验。资源禀赋、技术可获得性、资金丰裕程度是决策中普遍关注和参考的指标。但油气资源勘探开发合作采用何种方式协商，不仅受到各项表征指标的影响，也受到参与方博弈力量和未来生产决策的影响，因此需要根据现实情况，以降低与信息租金攫取有关的分配扭曲、提高效率、实现更大收益为目标来确定，每种方式的具体协商程序亦需要根据现实需求设计调整。

## 二、双边议价

根据已形成的经验，当资源国缺乏技术、资金，或油气储量不确定性较高时，多采用双边议价方式明确石油合作合同。当资源国技术水平较低或者资金不足时，难以独立开发本国资源，需借助油气企业的资金、技术实力实现开发，导致资源国的谈判力和影响力下降，谈判双方都具有接受或拒绝对方提出的合约的能力。当资源国的资源量不确定性较强时，情况类似，例如美国的私有土地进行页岩气合作时主要采用讨价还价机制。

在双边议价机制下，参与谈判的资源国政府和石油公司均以自身效用最大化为目标参与协商。资源国政府希望油气资源得到合理开发的同时自身获得高收益，石油公司则以最大化自身收益为主要目标。参与方之间的相对优势决定着他们的利益划分结果。一般而言，油气合作中资源国政府表现得较为强势，希望获得更大比例的收益分配，油气企业则被迫分得较少比例的收益。但是，这种分配模式会引发冲突，降低油气企业的积极性和开发效率，导致逆向选择和道德风险等问题。

双边议价过程中的利益分配对石油合作具有重大影响，主要体现在两个方面：一是利益分配比例可降低双方出现冲突的可能性，提高项目的吸引力，增强参与人的积极性，且充分反映参与者之间的相对优势；二是，恰当的利益分配可保障参与人行为合理、谨慎，即可保障双方有充分的积极性和工作效率，以保障油气开发项目顺利实施。

## 三、拍卖

在拍卖机制中，卖方的市场势力更强，其出售一定数量的商品，并期望买方为得到商品而互相竞争。此时，资源国政府更具话语权和谈判实力，即资源国在技术、资金和资源量三方面具有绝对优势或者较为明显的相对优势。当资源国资源和资金都十分充裕时，即使技术水平不足，仍可吸引大量油气企业参与合作。此时，资源国政府更具有话语权，可以单方面拒绝油气企业提出的合约。在油气资源勘探开发合作中，具有相对优势的资源国往往采用拍卖方式来寻找合适的投资者。

通过拍卖方式实现油气资产矿权转移，是将竞争引入具有垄断特征的产业，活跃上游投资，激励石油公司降本增效的有益尝试。拍卖是委托人通过引入竞争的方式提升合作双方效率的一种机制，在油气资源合作项目中，石油公司在资源国政府设定的拍卖机制下，通过竞价的方式获得油气资源开发的权力。因为参与拍卖的石油公司之间存在竞争关系，当存在较多数量的石油公司愿意承担某项油气资源开发项目的时候，拍卖被认为是提高缔约效率和资源国政府收益的有效方法。

# 第二节　双边议价的博弈机制

## 一、双边议价的谈判集

资源国政府和石油公司通过双边议价的方式确定合同条款，是一个需要考虑代理人道德风险的讨价还价过程。在这个过程中，双方通过协商确定石油合同条款，明确税收和分成比例及各项税费，以实现自身效用最大化为议价目标。在不考虑事前信息不完全和石油公司灵活决策的情况下，更大的分成比例能带来更多的收益，因此石油公司和资源国政府在谈判中的策略都是争取自身更大的分成份额。但是，现实中的油气资源勘探开发是一个长期复杂的过程，存在储量信息不完全、开发方案无法事前确定的问题。合同签订后，石油公司对勘探方案具有决策权，合作双方的收益不仅受到分成比例的影响，更受到勘探决策的影响。在这种情况下，资源国政府的效用并不是随着分成比例的增加而持续增加，而是表现出先增后减的趋势；石油公司则始终以争取自身更大的分成比例和缴纳更少的税收为谈判目标。

对于包含委托－代理问题的油气资源合作，税收和分成比例在不同范围对代理人产生不同的激励效果，并对合作双方的收益产生不同的影响。为了方便说明，以 $t$ 表示资源国政府获得的税收和分成油总比例，$t^*$ 表示基于委托－代理模型获得的最佳解，$a^*$ 表示最佳行动方案（此处为钻井数），资源国政府效用为 $v$，石油公司效用为 $u$。根据第五章的分析，在 $t^*$ 处，实现对石油公司的最优激励，石油公司选择最佳行动方案 $a^*$，项目总收益 $\pi$ 达到最大，资源国政府获得最大收益。当 $t \leqslant t^*$ 时，石油公司总能得到足够的激励,选择最佳勘探方案 *a\**,同时实现项目的最大收益;随着 *t* 的增加,石油公司获得的收益逐渐减小,资源国政府的收益逐渐增大,*t=t\** 为资源国政府收益的最大值。当 *t>t\** 时,对石油公司的激励不足,石油公司选择 *a<a\** 的方案,能够获得更大的效用,项目总收益不能达到最大值,资源国政府收益随着 *t* 的增加而减少。图 7.1 显示了不同税收和分成比例对石油公司行动方案和项目总收益的影响,以及对合作双方收益的影响。

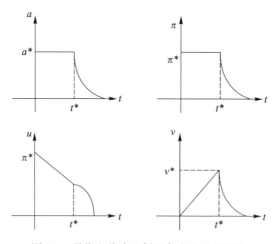

图 7.1　税收和分成比例对各方收益的影响

双边议价的谈判集应符合资源国政府和石油公司的理性预期,基于委托 – 代理模型获得的税收和产量分成最佳解是双边议价的一个重要解点。图 7.2 显示了石油公司的收益变化与资源国政府的收益变化之间的关系。在点 *t\** 处资源国政府的收益达到最大;在 *t\** 左侧,合作双方收益同时增加或减小;在 *t\** 右侧,二者关系呈现出此消彼长的线性关系。对于资源国政府来说,谈判的最佳结果为 *t\** 处。对于石油公司来说,从 *t\** 向右侧仍有增加的空间,但是此时石油公司收益的增加是以减少资源国政府的收益为代价的。因此,合作双方的谈判集集中在直线区域。

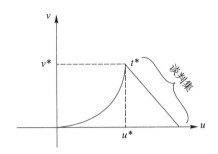

图 7.2　谈判双方的收益变化关系

## 二、势力和议价策略

由于石油合同的长期性特征，油气资源合作双方的势力比较是影响议价结果的更主要因素，常见议价模型中的折现率、时间等因素影响不大，本书在分析的过程中不再予以考虑。

谈判双方的势力和合作意愿是影响议价结果的重要因素，资源国政府和石油公司的不同势力比较将导致不同的议价结果和合作效率。直观来看，在资源国政府的势力较石油公司表现出强势、均等、弱势三种不同情况时，税收和分成比例 $t$ 的谈判结果将表现出较高、中等、较低三种结果。考虑到合同签订后石油公司的灵活决策和道德风险问题，当 $t>t^*$ 时，将导致对石油公司的激励不足，整个项目的开发效率不足。

作为理性参与者，资源国政府以最优税收和分成比例 $t^*$ 为目标参与谈判，石油公司在谈判集内出价，以争取更低的缴纳税收和分成的比例。在轮流出价的过程中，无论哪一方先报价，资源国政府必然从大于 $t^*$ 的某一点开始出价。在议价的过程中逐渐降低税收和分成比例，石油公司则必然从小于 $t^*$ 的点开始报价；在议价的过程中逐渐增加缴纳税收和分成油的比例，最终的成交点在 $t \leqslant t^*$ 的某个区间。如图 7.3 所示。

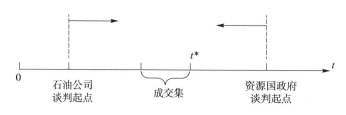

图 7.3　谈判范围和成交集

## 三、均衡解

油气合作中的双边议价博弈，与斯塔克伯格博弈具有相似的博弈特征，出价顺序、贴现率等因素并不能形成可信的威胁，影响博弈均衡的根本因素是博弈双方的势力和双边议价背后的委托 – 代理问题。

当资源国政府势力较强时，双边议价博弈的均衡点为根据委托 – 代理模型求得的最优解 $t*$，此时对石油公司的激励达到最优，资源国政府的收益最大，资源国政府没有动力通过谈判获取更大的税收和分成比例，石油公司能够获得足够的激励，倾向于与政府达成合作，不再继续讨价还价。

当石油公司具有充分的话语权，且资源国政府更迫切的达成合作时，均衡解存在于区间（0，$t*$]之间，在此区间内的每个解均可实现对石油公司的最佳激励，石油公司自身收益最大化与油气项目整体收益最大化目标一致，石油公司始终选择最佳勘探方案。此时，影响合作双方收益的因素仅为税收和分成比例，资源国政府在谈判中争取更高的比例，而石油公司则争取缴纳更低的比例，最终的结果受到谈判双方势力的影响。

# 第三节　拍卖机制设计

## 一、油气资产拍卖实践

在油气资源勘探开发合约的形成过程中，拍卖机制的使用越来越频繁，逐渐表现出了油气资产拍卖的特点，Nordt 对此进行了调查梳理和比较分析。

石油合作通常使用两种拍卖方式确定，英式拍卖或一级密封价格拍卖。英式拍卖用于拍卖具有较低价值或开发潜力有限的资产，通过此种拍卖模式确定的价格可以达到次优价格，但是无法实现更优的价格；一级密封价格拍卖主要用于拍卖高价值或高开发潜力的资产，根据收益等价定理，该拍卖方式确定的价格也只能达到次优价格。若不考虑该限制，可以实现更优的价格。

油气资产拍卖还具有以下特征：油气资产拍卖属于共同价值拍卖，投标人基于相同的信息对资产估值，但是由于不确定性的存在，对资产的估值不是一个确定的值，而是一个范围；减少不确定性可以增加投标价值，增加竞争可以增加投标价值；激进投标会导致糟糕的投资组合预期，经验不足会增加激进投标；相当一部分公司没有遵循连续的拍卖策略；竞标的最大激励因素是积极的 3P 储量预期和产品价格；最大的估值风险来自商品价格、资本和运营费用；具有上行价值的资产通过密封价格拍卖可以获得更高的出价；在具有共同知识的情况下，已开发储量比未开发储量的竞标价高，英式拍卖比密封拍卖的竞价高；在具有共同价值的密封价格拍卖中，储量规模的适度增加不会增加关联价值。

## 二、石油合同的最优拍卖机制

油气资产矿权拍卖是需要考虑代理人道德风险的最优拍卖机制设计问题，第四章定义的石油公司的努力水平 $a$ 和储量发现规模 $\theta$ 依然是拍卖机制中影响各方博弈和资源国政府收益的显著变量。为了反映石油公司效率对项目的影响，定义 $\beta_i$ 为石油公司 $i$ 的效率参数，显然参与投标的石油公司的效率水平各不相同，效率更高的企业对实现项目价值更具实力。

在油气资源勘探生产过程中，石油公司 $i$ 的效率参数 $\beta_i$ 通过对成本的影响而进一步影响项目的总收益和各参与方的收益。将 $\beta_i$ 引入第四章定义的函数，令 $\pi_i(a_i, \theta, \beta_i)$ 表示油气项目在石油公司 $i$ 投标时项目的总收入，$s_i(a_i, \theta, \beta_i)$ 表示石油公司 $i$ 获得的收入，$v_i[\pi_i(a_i, \theta, \beta_i)-s_i(a_i, \theta, \beta_i)]$ 表示政府效用，$u_i[s_i(a_i, \theta, \beta_i)-c_i(a_i, \theta, \beta_i)]$ 表示油公司效用，则资源国政府的拍卖机制是为了实现自身效用最大化，即

$$\max_{a,s(a,\theta),\beta_i} \int_0^{\bar{\theta}} v_i[\pi_i(a_i, \theta, \beta_i)-s_i(a_i, \theta, \beta_i)]\varphi(a_i, \theta)\mathrm{d}\theta$$

资源国政府通过拍卖选择能实现自身收益最大的企业，这要求拍卖机制帮助规制者选择最有效率的企业并激励该企业选择最优努力水平。也就是在（IR）和（IC）的约束下，选出 $\beta_i$ 最高的企业，并激励企业 $i$ 选择恰当的 $a$，$s(a, \theta)$，实现目标函数的最大化。

s.t.　(IR)　$\int_0^{\bar{\theta}} u_i[s_i(a_i, \theta, \beta_i)-c_i(a_i, \theta, \beta_i)]\varphi(a_i, \theta)\mathrm{d}\theta \geqslant \bar{u}$

(IC)　$\int_0^{\bar{\theta}} u_i[s_i(a_i, \theta, \beta_i)-c_i(a_i, \theta, \beta_i)]\varphi(a_i, \theta)\mathrm{d}\theta$

$\geqslant u_i[s_i(a_i', \theta, \beta_i)-c_i(a_i', \theta, \beta_i)]\varphi(a_i', \theta)\mathrm{d}\theta, \forall a_i' \in A$

根据 Laffont 和 Tirole[1] 的研究，如果参与投标的石油公司的效率参数独立地服从满足单调风险率的同一连续分布，最优拍卖将石油合同拍卖给效率参数最高的企业，支付规制符合说真话的贝叶斯纳什均衡机制。

在最优拍卖机制下，参与竞拍的石油公司为了获得油气资源作业合同，必然以符合利益的最高价格竞拍。对于理智的参与人，最优税收和分成比例 $t^*$ 既符合资源国政府的最大利益，也能实现对石油公司的有效激励，是石油公司竞价的最优报价，此模式下，效率最高的石油公司得以被选出。

共同价值拍卖存在赢者诅咒问题，油气资源开发拍卖就是一个显著的例子。在油田开发招标中，油田的实际价值是市场价值，但每个开发商对此市场价值的判断是不同的，报价最高的石油公司赢了，但这可能意味着他高估了油田的实际价值，赢可能是一件坏事[2]。

赢者诅咒发生的原因是资产对不同投标人的实际价值不同，虽然投标人具有共同知识，但油气资源开发过程中巨大的不确定性导致评估价值不同，而投标人做出投标决策依据评估价值。合乎逻辑的胜利者是对资产具有较高评估价值的竞买人，而该竞买人倾向于为资产支付过高的价格。

## 三、拍卖规则设计

Nordt 对于油气资源矿权拍卖的研究表明，目前各国政府较常使用的英式拍卖和一级密封价格拍卖均不能实现最优拍卖价格，这也符合 Green 和 Laffont[3] 的一个著名结论，该结论证明，就执行价值最大化决策的反谋略拍卖而言，在某些环境类型中，维克瑞支付是唯一与之一致的机制。Milgrom[4]

---

[1] Laffont J, Tirole J. A theory of incentives in procurement and regulation, 2002, MIT Press.

[2] 张维迎，《博弈论和信息经济学》。

[3] Holmstrom(1979) 对其进行了扩展。

[4] Milgrom，《价格的发现》。

对此进行了更进一步的研究，并创新地提出了价格递增拍卖。维克瑞拍卖和价格递增拍卖的规则设计或可作为将以上石油合同最优拍卖机制转化为现实拍卖规则的借鉴。

维克瑞拍卖能同时实现反谋略和直言机制，并激励投资者投资。在维克瑞拍卖下，石油公司按照自身的效率水平选择最优勘探方案并据此诚实投标是占优策略，当投标者都诚实投标时，能选出实现价值最大化的配置，实现油气资源的最优勘探开发。但是，由于油气资产投资的特殊属性，维克瑞拍卖也存在一些不容忽视的缺陷。对于储量规模和不确定性均较大的资产，合理估值对于石油公司来说是一项困难的工作；在某些情形下，未中标的石油公司能够以某种方式获得投资权，这会导致默契合谋的情况；诚实报价可能会影响石油公司与资源国政府的后续谈判，这种情况可能导致如实报告机制无法生效。

要使投标者易于选择他们的报价而无须猜测别人会如何报价，拍卖就应当是"反谋略的"。它的大体意思是，无论每个投标者预料到其他投标者将做什么，他都应该持有不变的最优报价。该特性意味着，存在某个有限的或无限的"阈限价格"（threshold price），使投标者若至少按该阈限价格报价，他就胜出，否则就失败。如果拍卖规则规定，任何获胜投标者都必须支付其报出的阈限价格，该拍卖就被称为"阈限拍卖"（threshold auction）。阈限拍卖永远都是反谋略的，而且，它们是唯一的反谋略拍卖。

Milgrom 结合维克瑞的优势和劣势，设计了两个基本类型的拍卖：价格递增拍卖和价格递减拍卖。前者从存在过度需求的低价位起步，逐步提升价格以排除过度需求；后者从存在过度供给的高价位起步，逐步降低价格以排除过度供给。这两种拍卖过程最终都能在价格信号的引导下，单调地趋于供求均衡点，实现市场出清。在这种拍卖式分析视角中，市场出清过程被理解成供求双方的"匹配"（matching）过程。例如在劳动力市场中，每个求职者都在实施其个人的价格递增拍卖，以招徕用人企业为他的服务投标，而用人企业则根据一定的原则对求职者给出自己的报价，供求双方都在满足对方条件的前提下按自己的意愿实现相互匹配。对于油气资源拍卖，可根据资源禀赋、市场前景等因素选择价格递增拍卖或价格递减拍卖。

动态时钟拍卖机制是价格递增或价格递减拍卖的一种便捷的实现方式。这里的"时钟"是非正式名称，它表示展现可变价格的显示器。该价格时钟在高价位上启动并在整个拍卖过程中令价格渐次下行。每当一个投标者的价格变化时，就问该投标者，他是否要继续在场。只要投标者答复"不在场"，他就退出拍卖。当只有一个剩余投标者从未说"不在场"时，该投标者就获胜，且他需要支付的是他已接受的最后价格。

# 油气资源开发过程中的灵活性价值

对油价的预测和对油气资源价值的评估是进行投资决策、开展石油合作不可缺少的前置参考。本书前面章节对石油合作中的博弈和机制设计研究，均基于最常使用的现金流方法估算油气资源价值。基于实物期权思想研究具有较长投资周期和较大不确定性的油气资源灵活性价值，是评估不确定性价值的一种方法，灵活性价值对油气资源开发的激励机制设计亦是重要参考。

## 第一节　基于实物期权理论的灵活性价值分析

### 一、油气资源开发过程中的几个经济阶段

在石油天然气国际油气合作项目中，对油气资源勘探开发过程进行分析，可以将油气生产分为四个经济阶段。

1. 起始阶段

在这一阶段，石油公司可以通过签订合同等方式从资源国政府得到某一矿区的勘测许可，并支付费用。在这一阶段，石油公司获得基本地质资

料，但并不因此获得进入勘探阶段的优先权。同时，没有这一阶段的勘测工作，也可以以平等的机会取得勘探许可证，进入勘探阶段。也就是说，通过这一阶段的工作和费用的支出，并不能使石油公司获得额外的选择权，因此，对国际油气合作项目的实物期权估价，不包括这一阶段。

2. 勘探阶段

石油公司通过竞标等方式，签订合同，支付签字费等费用，获得对某一区块的勘探权。这一阶段的成本应该还包括进行勘探工作的费用，通常每年有最低投资限额。也就是说，通过勘探合同的签订，石油公司获得了在一定条款下限制的选择权。石油公司可以根据市场情况和石油公司自身的运行情况在合约期内选择合适的勘探时机和规模。当然，在合同期内，石油公司也有权放弃勘探权，即中止该合作项目。在该阶段结束时，得到已探明未开发储量。在这一阶段，石油公司为勘探所付出的成本是很大的，而且，如果经过勘探阶段证明区域内资源不具有经济效益，则石油公司付出的所有成本均为沉没成本，不可收回。但是，另一方面，如果区域内的油气资源丰富，则在合同期内或合同期结束时，石油公司就具有了对区域内的资源进行开发、延迟开发或放弃开发的选择权，而不是义务。

3. 开发阶段

经过勘探阶段，如果发现具有商业价值的储量，则石油公司可以通过续签合同并支付租金，获得在区块内开发石油的权力。进入开发阶段，石油公司投入资金进行打井等基础建设，为石油开采做准备。在开发阶段，石油公司所需要投入的资金更多，并且也是不可收回的。开发阶段结束后，石油公司具有了对石油进行开采、延期开采或放弃开采的选择权，而不是义务。

4. 开采阶段

按照惯例，开采和开发阶段为同一合同期，因此，该阶段的成本不包含签订合同的成本。在完成开采前的准备工作，即开发阶段后，石油公司进入开采阶段。在该阶段，石油公司将油气资源开采到地面，并进行运输、处理、销售等活动，以获得经济效益。当然，为了维持石油的正常生产，石油公司也需付出成本。出于经济等方面的原因，石油公司也具有暂停开采或放弃开采的选择权。

对前述过程进行分析，可以发现石油公司在每个阶段都可以根据具体情况，选择不同的投资运营策略，具有明显的期权特征。在每个阶段开始前的决策，都相当于对是否付出成本购买期权做出决定。付出成本，则得到在未来继续投资的权利，同时，所支付的成本是不可收回的；如果放弃对期权的投资，则不具有未来投资的权利，同时失去未来盈利的机会。也就是说，通过现在的投资，获得未来的权利，同时也就得到了盈利的机会。

## 二、油气资源开发项目的实物期权特征

深水油气项目在勘探开发生产的各个阶段均表现出实物期权特征。深水油气项目的开展受到资源国政府关于矿权制度、财税制度等多项制度的制约。由于油气勘探开发生产具有周期长，不确定因素多等特点，在油气生产的各个阶段需要随时根据实际情况做出决策，以提高项目的整体收益，并降低风险。

国际油气合作项目在勘探开发生产的各个阶段均表现出实物期权的特征（图8.1）。

### 1. 勘探期权

石油公司向资源国政府支付费用，得到某一区域的勘探权，相当于购买了勘探期权。在规定的时间内，外国石油公司有权根据市场情况和外国石油公司自身财务状况决定勘探时机。通常情况下，如果勘探成本小于勘

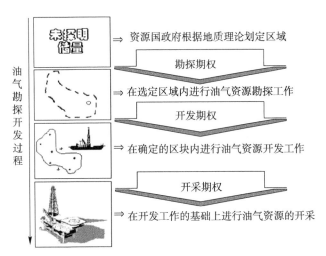

图 8.1 油气勘探开发过程中的实物期权特征

探所带来的收益，则可以选择进行勘探。如果成本大于收益，则在合同到期前，可以选择继续等待，等到时机成熟时再投资勘探。如果市场情况和外国石油公司状况确实导致勘探前景很差，则可以放弃勘探，退出开发。

对于勘探期权来说，期权价值就表现为勘探所带来的收益与成本之差。实际上，在勘探阶段并没有石油的产出，所以并不能得到实际的收入。这里所说的收益，是指如果勘探结果显示区域内油气资源储量丰富，则外国石油公司可以顺利进入到以后阶段的开发生产，可以给外国石油公司所带来的价值。也就是灵活性的价值。

2. 开发期权

以向资源国支付的一定费用为基础，勘探阶段结束后，外国石油公司对某一区块拥有开发权，相当于外国石油公司购买了开发期权。在这一阶段，外国石油公司可以根据市场行情和自身情况，决定开发时机。和勘探期权类似，通常情况下，外国石油公司选择开发成本小于收益时进行开发，如果时机不成熟，外国石油公司可以选择延期开发。在开发的过程中，如果出现市场波动等情况，外国石油公司也可以选择暂停开发，等到时机成熟时再重新开始。当然，在进行分析判断之后，可以选择放弃开发，退出区块。

开发期权的价值也可被认为是开发收益与成本之差。当然，在开发阶段也没有现金的流入，此阶段的收益也可被认为是执行开发期权后给外国石油公司带来的灵活性的价值。

### 3. 开采期权

外国石油公司经过勘探开发阶段后，可以自行决定开采原油的时机，以及是否进行开采，这称为开采期权。在这一阶段，外国石油公司可以根据油价、销售等情况，决定何时将油气资源采出到地面。在开采过程中也可以临时将开采过程暂停，并在合适的时机重启。对于开采规模，外国石油公司也有自己的选择权。

同理，开采期权的价值也可以通过开采原油的收益与成本之间的差额进行衡量。

### 4. 合成期权

以上关于期权的分析，是将油气资源的开发分成三个主要阶段进行的分析，而在实际中，对于一个油气合作项目，其合同的签订是以油气资源的整体价值作为基础的。对于油气资源整体的价值评估，包括勘探、开发、开采、运输、销售等整个过程，油气合作项目的价值体现在对油气资源资产的整体投入和总的收入之间的差额。

因此，在实际操作中，整个项目的价值是三个阶段的期权所构成的合成期权的价值。需要运用实物期权的方法分别对三个阶段的价值进行评估，然后合成为整体的价值。当然，根据前述分析可知，三个阶段的价值评估不是孤立的，前一阶段的价值受到后一阶段价值的影响（以时间划分先后）。

### 三、期权建模方法

Black-Scholes 期权定价理论可以简单概括为三个部分（图 8.2）。

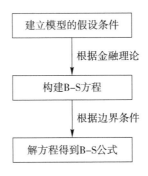

图 8.2　B-S 模型基本思想

根据以上金融期权定价的基本思想，可以得到推导实物期权定价模型的基本思想，即：

（1）根据所需估价的实物资产的特点列出假设条件；

（2）根据假设条件和实物资产市场运行情况，推导出期权定价方程；

（3）根据假设和边界条件解方程，得出期权定价公式。

# 第二节　基于油价不确定性的实物期权模型

### 一、假设条件

（1）无风险利率 $r$ 已知且恒定。

（2）储量 $Q$ 和成本 $C$ 可以预测。

（3）开采率保持稳定。

（4）原油价格 $P$ 的变动服从均值回复过程。

（5）以价格 $P$ 和时间 $t$ 为变量的期权价值函数 $F(P,T)$ 至少二阶可微，因此，可以运用伊藤引理。

（6）由于油气开发合同周期很长，因此假设复合期权为永续的。

## 二、价值表示

油气勘探过程中的各个阶段不是相互独立的，对每个阶段的价值评估，都受到后一阶段价值的影响。因此在对复合期权进行估价时，采取按时间顺序倒推的方法，先估计最后一个阶段的期权价值，即开采期权的价值，然后估计开发期权的价值，最后估计勘探期权的价值。

1. 开采期权（Extraction Option）的价值表示

用 $e$ 表示开采石油的期权价值，该价值与三个随机状态变量及其风险因子有关。即原油价格 $P(t)$ 及其在开采阶段的变动率 $\sigma_p(e)$；可采储量规模 $Q(t)$ 及其变动率 $\sigma_q(e)$；开采成本 $C_e(t)$ 及其变动率 $\sigma_c(e)$。这几个变量可用随机微分方程（SDE）表示：

$$dP(t)=\alpha_p(e)dt+\sigma_p(e)dZ(t) \tag{8.1}$$

$$dQ(t)=\alpha_q(e)dt+\sigma_q(e)dZ(t) \tag{8.2}$$

$$dC_e(t)=\alpha_c(e)dt+\sigma_c(e)dZ(t) \tag{8.3}$$

则开采期权价值可表示为：

$$e=e[P(t), Q(t), C_e(t); \sigma_p(e), \sigma_q(e), \sigma_c(e),T_e, r] \tag{8.4}$$

其中 $T_e$ 表示开采时间。$\sigma_q(e)$ 和 $\sigma_c(e)$ 相对于 $Q(t)$ 和 $C_e(t)$ 较小，可忽略。因此，开采期权的价值变动主要受原油价格波动的影响。

2. 开发期权（Development Option）的价值表示

用 $d$ 表示开发阶段的价值，当开采期权价值 $e$ 大于开发成本 $C_d(t)$ 时，外国石油公司会进行开发阶段的工作。因此，开发期权函数具有边界条件 $\max[e(t^*)-C_d(t^*), 0]$，其中，$t^*$ 表示执行开发期权的最优时间。以 $T_d$ 表示合同对开发时间的限制，则开发阶段的期权价值可表示为：

$$d=d[e, C_d(t); \sigma_e(d), \sigma_{Cd}(d), T_d, r]  \qquad (8.5)$$

由于开采期权价值 $e$ 是 $P, Q, C_e$ 的函数，因此，$d$ 可以进一步表示为：

$$d=d[P, Q, C_d, C_e; \sigma_p(d), \sigma_q(d), \sigma_{Cd}(d), \sigma_{Ce}(d), T_d, T_e, r]  \qquad (8.6)$$

对各参数的变动率 $\sigma$ 进行分析可知，在开发阶段，油价的变动对开发期权的价值依然产生主要影响。

3. 勘探期权（Exploration Option）的价值表示

勘探阶段是一个油气项目的最初阶段，在这一阶段，所知道的信息最少，因此，影响价值评估的参数最多。运用复合期权分析思想，可以使分析简化。

用 $x$ 表示勘探期权的价值。在对开采期权和开发期权进行分析之后，认为勘探期权将在开发期权的价值 $d$ 超过勘探成本 $C_x(t)$ 时执行。因此，勘探期权的边界条件为：$\max[d(t^*)-C_x(t^*), 0]$，其中 $t^*$ 表示最优勘探时机。以 $T_x$ 表示合同对勘探阶段的时间限制，则勘探期权可以用函数表示为：

$$x=x[d, C_x; \sigma_d(x), \sigma_{Cx}(x), T_x, r]  \qquad (8.7)$$

由于函数中的参数 $d$ 是 $e$ 和 $C_d$ 的函数，同时，$e$ 是 $P, Q, C_e$ 的函数，因此，勘探期权价值包含所有变量的最终表达式可以展开为：

$$x=x[P, Q, C_x, C_d, C_e; \sigma_p(x), \sigma_q(x), \sigma_{Cx}(x), \sigma_{Cd}(x), \sigma_{Ce}(x), T_x, T_d, T_e, r]  \qquad (8.8)$$

在勘探阶段，储量的风险变动 $\sigma_q(x)$ 和勘探成本的风险变动 $\sigma_{Cx}(x)$ 都是很大的，因为在这一阶段，地质和技术信息都是很不明确的，很有可能发生重大变化。

## 三、模型的建立

实物期权定价的一个普遍方程：

$$F_t + \frac{1}{2}\sigma^2(P,t)F_{PP} + [\alpha(P,t) - \sigma(P,t)\phi\rho_{P,M}]F_p - rF + \pi(P,t) = 0 \quad （8.9）$$

其中，$P$ 表示油价，服从扩散过程：$dP(t)=\alpha(P, t)dt+\sigma(P, t)dZ(t)$；$\alpha(P, t)$ 为价格的预期增长率，即油气资产的资本利得率；$\sigma(P, t)$ 为对价格作回归分析的标准差；$dZ(t)$ 为维纳过程增量；$\pi(P,t)$ 为投资收益；$\rho_{P,M}$ 为价格和消费边际效用的相关系数；$\phi = \dfrac{r_M - r}{\sigma_M}$，为市场价格风险。

很多研究者均对该方程进行过推导，但所用假设各不相同，且其中不乏互相冲突的地方。Sick 的推导以消费型资本资产定价模型为基础，推导过程简单严谨，所依靠的假设最少。

## 四、模型的求解

考虑石油合同的特征，运用超几何方程中的库莫模型可以得出实物期权估值的解析解。

本书运用超几何方程中的库莫模型进行求解。

方程（8.9）经过变形得到如下形式：

$$P^2 V_{PP} + \left[\frac{2\eta\overline{P}}{\sigma^2} - \frac{2(\eta + \rho\sigma\varphi)}{\sigma^2}P\right]V_P - \frac{2r}{\sigma^2}V = 0 \quad （8.10）$$

其中 $V = F$。

令 $\alpha = -2(\eta+\rho\sigma\phi)/\sigma^2$，$\beta = 2\eta\overline{P}/\sigma^2$，$\gamma = 2r/\sigma^2$     （8.11）

则方程简化为：

$$P^2 V_{PP} + [\beta + \alpha P]V_P - \gamma V = 0 \quad （8.12）$$

该结果符合库莫二阶微分方程的形式，故方程有解，且可用库莫函数表示。

库莫二阶微分方程：$zy'' + (nu - z)y' - muy = 0$

库莫函数：

$$M(a,b,z) = 1 + \frac{az}{b} + \frac{(a)_2 z^2}{(b)_2 2!} + \cdots + \frac{(a)_n z^n}{(b)_n n!} + \cdots \tag{8.13}$$

$$U(a,b,z) = z^{-a} \left\{ \sum_{n=0}^{R-1} \frac{(a)_n (1 + a - b)_n}{n!}(-z)^{-n} + O\left(|z|^{-R}\right) \right\}$$

$$\left(-\frac{3\pi}{2} < \arg z < \frac{3\pi}{2}\right) \tag{8.14}$$

其中：

$$(a)_n = a(a+1)(a+2) + \cdots + (a+n-1)$$

$$(a)_0 = 1 \tag{8.15}$$

解得方程（8.12）后，可根据式（8.10）将各参数代入，求得原方程的解。

至此，可知方程可得到解析解。

由于库莫函数在实际计算中较为烦琐，可利用计算机语言编程实现。本书选取 Matlab 计算语言，因为其函数库中包含库莫函数，可以使研究更为便捷。

根据假设和开采阶段的边界条件，对期权定价方程（8.9）进行求解，得到：

$$V(P) = A_2 \left(\frac{\beta}{P}\right)^{\theta} U\left(\theta, 2\theta + 2 - \alpha; \frac{\beta}{P}\right), P < C \tag{8.16}$$

$$V(P) = B_1 \left(\frac{\beta}{P}\right)^{\theta} M\left(\theta, 2\theta + 2 - \alpha; \frac{\beta}{P}\right) + \tau \left[\frac{\hat{\bar{P}} - C}{r} + \frac{P - \bar{P}}{r + \hat{\eta}}\right], P < C \tag{8.17}$$

其中：$\alpha = -2(\eta + \rho\sigma\phi)/\sigma^2$，$\beta = 2\eta\bar{P}/\sigma^2$，$\gamma = 2r/\sigma^2$ (8.18)

$$\hat{\eta} = \eta + \rho\sigma\phi，\quad \hat{\bar{P}} = \eta\bar{P}/(\eta + \rho\sigma\phi) \tag{8.19}$$

$$\theta = \left[(\alpha - 1) + \sqrt{(1 - \alpha)^2 + 4\gamma}\right]/2 \tag{8.20}$$

$$A_2 = \frac{\left(\dfrac{C}{\beta}\right)^{\theta} \dfrac{\tau\theta}{r+\hat{\eta}}\left[\dfrac{\hat{\eta}}{r}(\hat{\bar{P}}-C)M(\theta+1)+CM(\theta)\right]}{\theta U(\theta)M(\theta+1)+\gamma U(\theta+1)M(\theta)} \tag{8.21}$$

$$B_1 = \frac{\left(\dfrac{C}{\beta}\right)^{\theta} \dfrac{\tau}{r+\hat{\eta}}\left[CU(\theta)-\dfrac{\hat{\eta}}{r}(\hat{\bar{P}}-C)(\gamma)U(\theta+1)\right]}{\theta U(\theta)M(\theta+1)+\gamma U(\theta+1)M(\theta)} \tag{8.22}$$

$M(a,b;x)=\sum_{n=0}^{\infty}\dfrac{(a)_n}{n!(b)_n}x^n$，$U(a,b;x)=x^{1-b}M(a-b+1,2-b,x)$ 为库莫函数

（Kummer's Function）；

$C$ 为单位储量的开采成本；$\tau$ 为单位净收益 $P-C$ 税率；

式（8.16）和式（8.17）分别为 $P<C$ 和 $P>C$ 两种情况下的解。

1. 对开发期权价值的求解

根据假设和开发阶段的边界条件，对期权定价方程（8.9）进行求解，得到：

$$F(P)=K_2\left(\frac{\beta}{P}\right)^{\theta}U\left(\theta,2\theta+2-\alpha;\frac{\beta}{P}\right) \qquad P<P_D^* \tag{8.23}$$

$$=B_1\left(\frac{\beta}{P}\right)^{\theta}M\left(\theta,2\theta+2-\alpha;\frac{\beta}{P}\right)+\tau\left[\frac{\hat{\bar{P}}-C}{r}+\frac{P-\bar{P}}{r+\hat{\eta}}\right]-\tau I_D \qquad P\geqslant P_D^* \tag{8.24}$$

其中：$I_D$ 为开发成本；

$P_D^*$ 为执行开发期权的最佳油价，由式（4.20）可求出；

$$B_1\left(\frac{\beta}{P_D^*}\right)^{\theta}\left\{\frac{\gamma U(\theta+1)M(\theta)}{U(\theta)}+\theta M(\theta+1)\right\}+\cdots$$
$$+\frac{\tau P_D^*}{r+\hat{\eta}}\left\{\frac{\gamma U(\theta+1)}{U(\theta)}-1\right\}-\frac{\tau\gamma U(\theta+1)}{U(\theta)}\left[\frac{C}{r}+I_D-\frac{\hat{\eta}\hat{\bar{P}}}{r(r+\eta)}\right]=0 \tag{8.25}$$

$$K_2 = B_1 \frac{M(\theta)}{U(\theta)} + \left(\frac{\beta}{P_D^*}\right)^{-\theta} \frac{\tau}{U(\theta)} \left\{ \frac{\hat{P} - C}{r} + \frac{P_D^* - \hat{P}}{r + \hat{\eta}} - I_D \right\} \quad （8.26）$$

**2. 对勘探期权价值的求解**

根据假设和勘探阶段的边界条件，对期权定价方程（8.9）进行求解，得到：

$$G(P) = L_2 \left(\frac{\beta}{P}\right)^{\theta} U\left(\theta, 2\theta + 2 - \alpha; \frac{\beta}{P}\right) \qquad P < P_X^* \quad （8.27）$$

$$= B_1 \left(\frac{\beta}{P}\right)^{\theta} M\left(\theta, 2\theta + 2 - \alpha; \frac{\beta}{P}\right) + \tau \left[ \frac{\hat{P} - C}{r} + \frac{P - \bar{P}}{r + \hat{\eta}} \right] - \tau(I_X + I_D) \quad P \geqslant P_X^*$$

$$（8.28）$$

其中

$$L_2 = B_1 \frac{M(\theta)}{U(\theta)} + \left(\frac{\beta}{P_X^*}\right)^{-\theta} \frac{\tau}{U(\theta)} \left\{ \frac{\hat{P} - C}{r} + \frac{P - \bar{P}}{r + \hat{\eta}} - (I_D + I_X) \right\} \quad （8.29）$$

$P_X^*$ 为执行勘探期权的最佳油价，由式（8.25）可求出；

$$B_1 \left(\frac{\beta}{P_X^*}\right)^{\theta} \left\{ \frac{\gamma U(\theta + 1) M(\theta)}{U(\theta)} + \theta M(\theta + 1) \right\} + \cdots$$

$$（8.30）$$

$$+ \frac{\tau P_X^*}{r + \hat{\eta}} \left\{ \frac{\gamma U(\theta + 1)}{U(\theta)} - 1 \right\} - \frac{\tau \gamma U(\theta + 1)}{U(\theta)} \left[ \frac{C}{r} + (I_X + I_D) - \frac{\hat{\eta} \hat{P}}{r(r + \eta)} \right] = 0$$

**3. 油气资产的价值**

以上分别对勘探、开发、开采三个阶段的期权价值进行了求解。油气资产的价值为三者的合成期权的价值。由于在推导过程中，已经考虑了三个阶段的相互影响，所以，在计算合成期权价值的时候，分别将三个阶段价值求出，然后加总，即为整个合成期权的价值，也就是油气资产的价值。

## 五、案例分析

为了进一步展示以上论述实物期权方法的应用性和可操作性，选取油田 M 作为实际案例进行分析。

M 油田位于吉林省伊通县境内。伊通地区的石油地质调查始于 1981 年，相继开展了野外地质踏勘、采样分析化验、预测生储盖条件、远景评价等各项工作。1985 年以后，先后完成了二维、三维地震勘探。1988 年 10 月，在伊通地堑 M 断陷近 540km² 范围内开始钻探，在录井过程中，于双阳组一段、二段均见到不同级别的油气显示，初步展示了该陷区良好的勘探前景。

M 油田于 1994 年提交石油探明储量，2005 年下半年，结合油田新增资料，对 M 油田石油探明储量进行了重新计算，并于 2006 年初通过国家储委验收。

套改后，M 油田探明含油面积 32.20km²，探明原油地质储量 $2226.59 \times 10^4$t，原油技术可采储量 $445.32 \times 10^4$t，储量类别为未开发。其他相关数据参考表 8.1。

表 8.1　估值所需数据

| 序号 | 名称 | 单位 | 数值 |
|------|------|------|------|
| 1 | 无风险利率 | % | 3.6 |
| 2 | 油价 | 美元 | WTI（1990—2007 年） |
| 3 | 投资收益率 | % | 道琼斯工业股指（1990—2007 年） |
| 4 | 单位开发成本 | 美元/桶 | 8.06 |
| 5 | 单位操作成本 | 美元/桶 | 6.06 |
| 6 | 分成比例 | 中方：外方 | 3：7 |

### 1. 案例应用

对已知案例进行分析，选取上证综指作为市场投资回报率参考，选取 WTI 原油价格进行油价分析。对模型输入数据列于表 8.1。

由于已知项目已完成勘探阶段，所以运用开发、开采期权公式进行计算，结果为817480万元。

表8.2　对比分析

| 现金流评价结果 | 期权评价结果 | 价值增加量 | 价值增加百分比 |
|---|---|---|---|
| 286848万元 | 817480万元 | 530632 | 185% |

以上结果显示，在考虑了灵活性价值的基础上，期权估价模型能够更充分地估计出油气勘探项目的总价值，有利于石油公司或国家相关政策部门做出更准确的决策，是勘探开发项目决策部门的重要决策参考。

2. 敏感性分析

为了进行对比分析，选取不同油价特征的几个阶段进行敏感性分析（表8.3）。

表8.3　敏感性分析

| 股票指数 | 油价 | 无风险利率 | 单位开发成本 | 单位操作成本 | 税率 | 期权评价结果 |
|---|---|---|---|---|---|---|
| 1986-1—2007-8 | 1986-1—2007-8 | 3.60% | 8.06美元/桶 | 6.06美元/桶 | 33% | 547711万元 |
| 1986-1—2007-12 | 1986-1—2007-12 | 4.14% | 8.06美元/桶 | 6.06美元/桶 | 33% | 102541万元 |
| 1986-1—1998-12 | 1986-1—1998-12 | 3.78% | 8.06美元/桶 | 6.06美元/桶 | 33% | 0 |
| 1986-1—2002-12 | 1986-1—2002-12 | 1.98% | 8.06美元/桶 | 6.06美元/桶 | 33% | 0 |
| 1986-1—2004-12 | 1986-1—2004-12 | 2.25% | 8.06美元/桶 | 6.06美元/桶 | 33% | 287869万元 |

计算结果表明，在油价变化平缓的情况下，评估结果波动不大。在油价出现剧烈波动的时间段，估价结果变化较大。这说明该模型对油价波动反应过于敏感。在油价出现剧烈波动时，评价结果偏差较大，不适合作为项目决策的依据。

股票指数的变化对评价结果的影响不大（图 8.3）。本模型试图用股票指数来表示市场变化对项目价值的影响。评估结果说明，在油价走势和市场走势相似的情况下，评价结果更多的受油价影响。

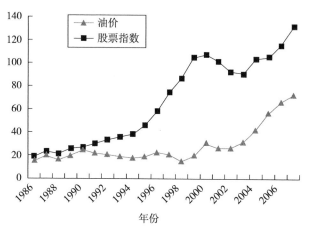

图 8.3　油价与股票指数走势对比

资料来源：www.eia.doe.gov；finance.yahoo.com.cn

在市场和油价走势都很高的情况下，项目价值也非常高，但是在实际决策中，需要考虑到经济因素以外的其他风险，做出更稳妥的投资决策。

## 六、对模型的讨论

根据第四章对油价模型的讨论，及本章实际项目的计算分析结果，可以得出，油价的价值评估模型对实物期权估值影响巨大，特别是对油价出现剧烈波动的合理处理，是保障估值合理的重要因素。因此，本节深入讨论油价预测模型。

1. 不均匀的几何布朗运动

前文已经论述，预测油价的模型主要包括五种：

（1）几何布朗运动；

（2）单纯均值回复模型；

（3）双因素或多因素模型；

（4）不确定均值的回复过程；

（5）振荡下的均值回复过程。

定性分析，以上五个模型中，由上到下，对油价的模拟越来越接近于真实。但是，研究中，除了考虑模型的真实有效性，还应选择可应用于实际运算，且结合期权估价微分方程能够得到解析解的模型。

便于运算，可运用于期权微分方程的还是最基本的几何布朗运动方程：

$$dP=\alpha Pdt+\sigma Pdz \qquad (8.31)$$

本书对此加以改进，得到不均匀的几何布朗运动：

$$dP(t)=\eta[\bar{P}-P(t)]dt+\sigma P(t)dZ(t) \qquad (8.32)$$

该模型保留了几何布朗运动模型便于计算的形式，同时结合了均值回复方程的特征，使表达式能够表现出油价均值回复的特点。

在实际的运算分析中，模型确实在油价平稳的情况下，较好表现出预测、分析的效果。但是，当油价出现剧烈波动时，该模型就不适用了。并且，由于剧烈波动给油价序列带来的不寻常扰动，整个模型的预测结果受到更大的扰动，不能得到接近项目实际价值的评价结果，这使期权方法的评价结果失去参考价值。

在实际的项目评价中，NPV方法具有广泛的理论和实践基础，并且易于理解。而实物期权方法自出现以来，不断受到研究重视，就在于其弥补了现金流方法刚性估价的不足，能够充分估计灵活性的价值，使评估价值更具有参考性，帮助决策者做出最优决策。

本书经过实际计算分析发现，虽然本期权模型考虑了各种因素，也因此得到结果复杂的模型。但是，由于油价预测模型的不完善，期权估价模型在油价剧烈波动时，导致不能正确估算项目价值，这不仅不能帮助决策着作出最优决策，甚至还有可能影响决策者的决策。这也是期权方法自出现以来不能得到广泛应用的一个原因。

因此，理论界还在不断深入研究实物期权方法，努力得到一个更接近现实、更方便使用的估价方法。

同时，由于每个期权模型的推导都是在特定的情况和假设条件下进行的，因此在实际运用中，注意观察不同模型的缺陷和适用情况，在不同的情况下选取合适的模型和与模型对应的恰当的数据，也是得到更优评估结果的一个方法。

2. 振荡下的均值回复过程

鉴于本书所运用的模型在油价估算和预测方面的缺陷，本节特别讨论振荡下的均值回复过程，这也是最接近于真实情况的模拟模型。同时，该模型的结构并不复杂，在适当的边界条件和变形后，很可能被应用于实际。图 8.4 显示出，油价在多个时期表现出剧烈振荡的特点。

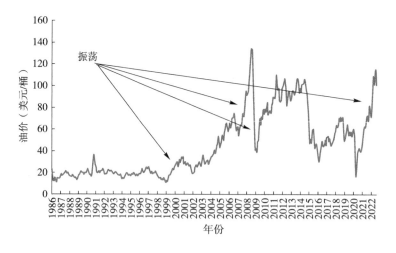

图 8.4 油价变动趋势图

振荡下的均值回复过程的方程为：

$$dP=\eta P(M-P)dt+\sigma Pdz+Pdq$$

其中，$dq$ 服从泊松过程，即反映油价波动的振荡过程。

根据已知振荡，该过程可模拟未来的振荡。

# 第三节　油价随机特性对实物期权估值的影响

## 一、研究背景

在石油生产和能源金融领域，油价作为影响收益最直接的因素，一直受到广泛关注。对油价的分析和预测也是学术界的研究热点。国内大量学者主要从经济学理论或单纯的基本面对油价随机行为进行分析与预测，而另一部分则主要应用时间序列分析工具进行分析。同时，国外学者则运用计量工具和一些理论模型研究油价的随机行为，如几何布朗运动、均值回复和多因素模型等，其中最具代表性的是 Schwartz 提出的单因素模型、双因素模型和三因素模型。这些模型对油价的随机过程进行了详尽的描述。

在实物期权领域，由于油价的波动对实物期权价值具有重要影响，大量实物期权研究中，都对油价进行了重点的分析。Paddock 等运用实物期权方法分析和评价了石油项目的价值，在其论文中，运用几何布朗运动对油价进行了详细的描述。均值回复模型也是描述油价的重要模型。近几年，大量学者认识到油价波动过程中的"跳跃"过程，并设计实现了带跳跃变量的均值回复模型。

大量的理论研究用越来越复杂的模型描述油价，以实现更精细的描述和预测，但是却忽视了应用研究。一方面，在运用模型预测描述油价波动的特征参数时，选择不同的油价序列对所估算参数的影响很大，导致预测的结果不同，需要对历史数据序列的选取方法进行研究。另一方面，在实物期权等评价模型中，对油价描述的目的是为了更好估计所评价项目的价值，因此，不需要预测油价在某一时点的具体值，只需要合理描述油价在某一时间阶段内的波动范围就能更好进行评估。在这种情况下，油价时间序列中，由于受到冲击产生的油价跳跃会导致估计参数的偏差。

复杂网络方法是近二十年统计物理学发展的新动力。本书尝试运用复杂网络方法分析油价时间序列，根据分析结果，提出在运用模型描述油价波动时选择油价时间序列的方法。这为实物期权模型应用中油价和油价波动率的选取方法提供理论参考。

## 二、基于复杂网络的油价序列分析理论框架

设所选油价数据为序列 $X=\{x_1, x_2, \cdots, x_N\}$，为了运用复杂网络方法进行分析，先对这一序列进行处理，将其映射为一个具有拓扑结构的网络，然后在拓扑网络的基础上分析油价序列。方法如下：

（1）将序列分割为长度为 $m$ 的 $N-m+1$ 个片段，依次以 $x_1, x_2, \cdots, x_{N-m+1}$ 为首元素取长度为 $m$ 的 $N-m+1$ 个片段，得到如下 $N-m+1$ 个子序列：

$$X_i(i=1, 2, \cdots, N-m+1):$$
$$X_1 = [x_1, \cdots, x_m]$$
$$X_2 = [x_2 \cdots, x_{m+1}]$$
$$\vdots$$
$$X_{N-m+1} = [x_{N-m+1}, \cdots, x_N]$$

因为所选序列为时间序列，故 $m$ 表示时间区间的长度。

（2）根据最小二乘法，求任意两个子序列 $X_i$ 和 $X_j$ 的相关系数 $r_{ij}$，令

$n=N-m+1$，得到如下相关矩阵：

$$\boldsymbol{R} = \begin{bmatrix} r_{11} & r_{12} & \cdots & r_{1n} \\ r_{21} & r_{22} & \cdots & r_{2n} \\ & & \vdots & \\ r_{n1} & r_{n2} & \cdots & r_{nn} \end{bmatrix}$$

其中，$0<r_{ij}<1$。

（3）取阈值 $p_c(0 \leq p_c \leq 1)$，对相关矩阵 $\boldsymbol{R}$ 进行计算，得到拓扑矩阵 $\boldsymbol{S}$：

$$\boldsymbol{S} = \begin{bmatrix} s_{11} & s_{12} & \cdots & s_{1n} \\ s_{21} & s_{22} & \cdots & s_{2n} \\ & & \vdots & \\ s_{n1} & s_{n2} & \cdots & s_{nn} \end{bmatrix}$$

其中 $s_{ij} = \begin{cases} 0, & \text{当 } r_{ij} \leq p_c \text{ 时} \\ 1, & \text{当 } r_{ij} > p_c \text{ 时} \end{cases}$

则所得拓扑矩阵 $\boldsymbol{S}$ 即可表示以子序列 $X_i$ 为节点的网络，其元素 $s_{ij}=1$ 表示 $X_i$ 与 $X_j$ 相关联，$s_{ij}=0$ 表示 $X_i$ 与 $X_j$ 不相关。显然，对于 $p_c$ 值的调整，可以相应的改变节点间边缘的数量，即改变网络的结构。

（4）分别对于拓扑矩阵的每行求和，设第 $i$ 行的和为 $n_i$，则 $n_i$ 即为节点 $X_i$ 的度。再对 $n_i$ 的值进行统计，求出其分布情况。最后，根据 $n_i$ 及其分布绘出网络度分布的对数坐标图，根据图像进行分析。

## 三、国际油价随机特征的分析

根据 EIA（美国能源信息署）提供的信息，可以获得的国际油价信息为 1987 年，因此，选取 1987—2013 年 WTI 原油交易的 6882 个日数据作为随机分析的基础。

### 1. 原始序列的分析

根据本章第二节论述的方法，对数据进行分析，选取片段长度为 10，在相关系数阈值取值为 0.8，0.85，0.9，0.95 时，得到的拟合结果如图 8.5 所示。

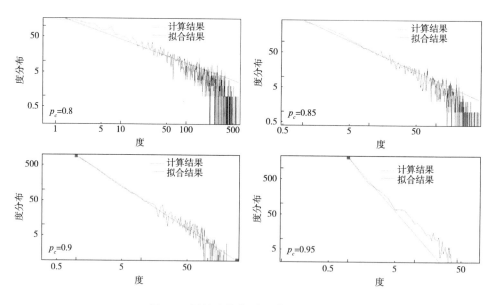

图 8.5　原始油价序列的随机特征分析

根据分析可知，所选参数合适时，可以得到斜率稳定的对数坐标图，即各节点之间的相关性服从幂率分布（power-law）。这说明油价序列符合现实世界的随机过程特点。

### 2. 对跳跃数据的处理和分析

在分析油价的大量文献中，多数都注意到油价序列中包含一些没有规律的特殊跳跃，这是由于一些特殊的经济或政治事件的冲击导致的油价剧烈的波动。在分析国际油价随机特征时，这些剧烈的波动是在正常波动的基础上，由于外力的作用导致的，若不将这些因素剔除，则会导致估计的波动率大于真实的波动率。

通常一个政治或经济事件对油价的影响持续三个月的时间。本书以 90 个交易日作为分析基础，剔除 90 天内发生油价剧烈上涨或下跌的数据。分析时间序列中每一个数据在 90 天后的波动幅度，并对波动幅度进行排序。由于所选样本为 6882 个，数量大，定义波动幅度最大的前 200 个数据为出现"剧烈"波动，并将这些剧烈波动数据剔除。当然，根据风险偏好的不同，剧烈波动的数据可以根据需要增加或减少。剔除后的序列比原始序列更稳定。如图 8.6 所示。

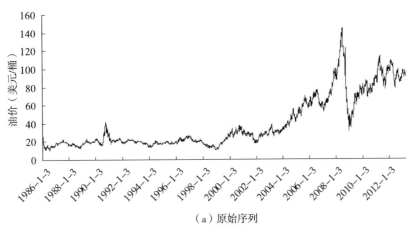

（a）原始序列

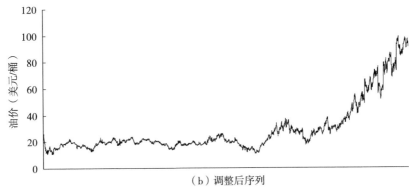

（b）调整后序列

图 8.6　原始序列和调整后序列

分析图 8.6 可得，调整后的序列同样是随机波动的序列，但是更加平稳，反映的是不受外界特殊事件影响的情况下，油价的变动趋势。为了定量证明这一点，运用前述复杂网络方法同样分析调整后油价序列的统计特征。同样选取片段长度为 10，相关系数阈值取值为 0.8，0.85，0.9，0.95，分析结果如图 8.7 所示。

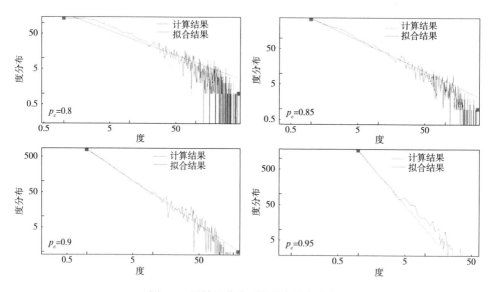

图 8.7　原始油价序列的随机特征分析

分析图 8.7 可得，剔除跳跃数据后的序列，表现出更加明显的幂率分布的特征，这说明剔除后的数据，同样符合真实世界的随机序列的波动特征，可以用来估计油价随机波动的参数值。

根据以上两组序列，分别计算原始序列的油价标准差 1 和调整后的油价序列标准差 2。标准差 1 为 28.848，标准差 2 为 19.335。显然，原始序列具有更大的波动率，这是因为其包含了油价冲击的影响。运用实物期权估值时，若完全根据原始序列估计波动率，则有可能高估项目价值，因为这种冲击的影响并不一定在项目期内发生。更可靠的方式是根据调整后的序列进行估算。由于风险偏好不同，调整后的序列有所不同。

## 四、不同算法下的油价波动率和对实物期权估值的影响

为了更进一步说明不同估算方法下所得到的波动率对实物期权方法估值的影响，选取实际案例进行估算。估值所选的石油资产，为已勘探未开发，2005 年竞标成功，2006 年投产。投资者对油价的预期看涨，为了竞标成功，选择了当年油价的较高值 68 美元 / 桶，投资收益率 12%，现金流评价项目价值为 5.5 美元 / 桶，项目运行后的收益比此评价价值略高。分析该项目的特征，符合 Beliossi（1996）的模型对未开发储量的描述，因此运用该实物期权模型进行估值。根据项目合同和相关工程信息，得到估值所用参数如表 8.4 所示。

表 8.4　估值所用参数

| 参数 | 取值 |
| --- | --- |
| 原油市场价格（美元 / 桶） | 68 |
| 已开发储量市场价格（美元 / 桶） | 15.38 |
| 采出率（%） | 6.25 |
| 勘探成本（美元 / 桶） | 2.964 |
| 年税后无风险利率（%） | 2.25 |
| 桶油开发成本（美元 / 桶） | 16.73 |

传统的实物期权估值应用中，根据实物期权模型对油价的假设和 Paddock 等（1988）的论述，得到油价波动率的估算方法为，根据估值时点前 10 年油价的年数据进行计算。为了比较方便，同时避免调整后的序列数据过少，选取评价时点前 12 年的 WTI 年数据进行计算，即 1994—

2005 年的油价数据。根据传统方法，计算得到油价序列的波动率为 0.25。以此为基础，结合表 8.4 所示参数，计算得到项目的实物期权价值为 11.54 美元 / 桶。

本书在新的估算思想下，对原始数列进行分析，计算每年的增长率，剔除波动最大的 2000 年的数据，得到新的序列。根据新的序列重新计算，得到新的油价波动率为 0.22。以此为基础，结合表 8.4 所示参数，重新计算，得到项目的实物期权价值为 6.35 美元 / 桶。

不同估算方法下的实物期权价值及与现金流估值结果的对比如表 8.5 所示。

表 8.5　不同波动率下的实物期权估值

| 方法选择 | 波动率估算 | 实物期权评价结果（美元 / 桶） | 现金流评价结果（美元 / 桶） | 差额（美元 / 桶） | 百分比（%） |
|---|---|---|---|---|---|
| 传统方法 | 0.25 | 11.54 | 5.5 | 6.04 | 110 |
| 新思想 | 0.22 | 6.35 | 5.5 | 0.85 | 15 |

如表 8.5 所示，在传统方法下，波动率较大，实物期权价值比现金流估值高出 110%，如此大比例的增加，很有可能高估了价值。若在此基础上投标，则有可能过于乐观，导致投资失败。

在本书的思想下，剔除油价序列中剧烈振荡的点，即排除特殊事件对油价的影响。以此为基础得到的油价波动率相对合理，使得估值结果比现金流评价结果高 15%。即在考虑灵活性价值的情况下，评估的价值高出 15%。相对于现金流方法，更充分地评价了项目的价值，使投资决策更有把握。

# 第四节　多因素不确定条件下的实物期权模型

## 一、储量、地质不确定性对实物期权价值的影响

深水区域油气勘探开发的工程技术难度巨大，项目通常具有较大的风险和不确定性，随着项目的进展，灵活管理可以提高收益，减少损失。这主要表现在三个方面：在技术方面，随着问题的逐渐清晰和难题的逐渐解决，工程成本减少，产量提高。在区域开发的背景下，合理设计开发方案，实现工程设施的共享；通过灵活管理，实现整个区域项目价值的最大化。地质方面的灵活性价值表现在随着所获得的地质信息不断增加，投资方案随之越来越准确，实现最小化投资，最大化收益。并且，在石油合作中，勘探阶段的投资可以使其在下一阶段的投资具有优先权，在掌握更多信息并具有优先权的情况下，可以更充分把握投资机会。在市场方面，由油价的波动带来的灵活性价值同样不可忽略。这需要通过管理者根据油价的变化，在工程技术允许的条件下及时调整产量，实现储量的经济价值最大化。油价、地质、技术三方面因素均对深水油气项目的灵活性价值产生重要影响，因此需要分析其随机特征，构建多因素的实物期权模型。

## 二、变量的集成研究

对于随机因素的模拟，主要考虑两个方面的问题。一方面，模拟的目的在于实现金融模型的构建和计算，而非对未来的预测，因此模型应能够比较真实地描述随机因素的波动特征，并力求简洁。另一方面，目前的金融模型多以伊藤引理为建模基础，这就要求模型中的变量符合布朗运动，

因此随机因素模型也应符合布朗运动的基本特征。

1. 油价的随机特征和模型

由于油价在石油和经济领域的特殊性，对油价的预测和模拟的研究很多。大量研究证实，油价的波动符合随机游走的特征，在某些特殊时刻出现剧烈的"跳跃"过程。不考虑这些特殊的"跳跃"，运用几何布朗运动描述油价，既符合油价的基本随机特征，又符合前述对随机因素模拟的两点要求。

则，对油价的模拟为：

$$dP_t = \mu P_t dt + \sigma_P P_t dW_t \tag{8.33}$$

其中，$P_t$ 表示因素 $P$ 在 $t$ 时刻的值，$W_t$ 是一个维纳过程，$\mu$ 和 $\sigma_P$ 为常量。根据伊藤积分，假定初始值为 $P_0$，求解随机微分方程得到：

$$P_t = P_0 \exp[(\mu - \frac{\sigma_P^2}{2})t + \sigma_P W_t] \tag{8.34}$$

根据式（8.34），随机变量 $P_t$ 服从对数正态分布，在任意时刻 $t$，其期望和方差可以表示为：

$$E(P_t) = P_0 e^{\mu t} \tag{8.35}$$

$$Var(P_t) = P_0^2 e^{2\mu t} (e^{\sigma_P^2 t} - 1) \tag{8.36}$$

因此，$P_t$ 的概率密度函数为：

$$f_{P_t}(p; \mu, \sigma, t) = \frac{1}{\sqrt{2\pi}} \frac{1}{p\sigma\sqrt{t}} \exp\{-\frac{[\ln p - \ln P_0 - (\mu - \frac{1}{2}\sigma^2)t]^2}{2\sigma^2 t}\} \tag{8.37}$$

2. 地质、工程技术随机特征和模型

在深海油气勘探开发项目中，不仅需要考虑经济因素的影响，地质和工程技术风险对项目价值的影响也同样不可忽视，需要考虑进价值评估体系中。

由于深水技术正处于发展阶段，科研和工程技术人员也在不断探索更加科学有效的方法描述地质、技术方面的风险。分析现有研究成果，虽然选择的模型或研究思路不同，但最终结果多数是以概率来描述各个地质或技术指标的可能性。因此，可以借鉴概率论的思想将地质、技术不确定性引入价值评估模型。但是，由于工程技术模型多数比较复杂，涉及的因素很多，并且很多数据具有保密性，难以获得，如果直接运用于经济模型，将使模型难以运行。需要综合考虑工程技术方法和经济评价模型的需要来设计含地质、技术不确定因素的模型。

随机系统中所有随机变量的集合可以用随机过程来描述，根据相关研究成果，可以认为工程、技术方面的数据服从某一特征的正态分布，因此，可以用随机微分方程对其进行描述。工程技术涵盖的范围很广，涉及的参数也很多，并且很多具有相关性，此处不逐一考虑，将地质、技术方面的因素合成，作为一个整体进行模拟、分析。

综合以上分析，定义一个一维地质 – 技术风险变量 $G$，该变量服从漂移率为零，波动率为常数的布朗运动。

$$dG = G\sigma_G \, dW_G \tag{8.38}$$

其中，$\sigma_G$ 为风险波动率，$W_G$ 为标准维纳增量。

3. 变量的集成研究

以上运用随机模型对油价、地质、技术三个因素进行了随机化处理和合并分析，目的在于探讨是否可以将工程技术因素的不确定性直接引入价值评估模型，以更准确评估深海油气资产的价值。考虑到伊藤引理的应用，将油价和地质 – 技术因素分别引入价值评估模型，将很难构建合适的模型。因此，对油价和地质 – 技术因素进行技术处理，将两个随机过程合并，构建三因素集成模型。

油价和地质 – 技术因素同时影响深海油气资源的价值，但是油价随机过程主要受到市场因素的影响，地质 – 技术因素主要受到地质复杂程度、工程技术水平的影响。因此，可以假设 $P$ 和 $G$ 相互独立，得到：

$$\mathrm{d}W_P\,\mathrm{d}W_G = 0 \tag{8.39}$$

又令 $Z \equiv F(P, G)$ (8.40)

根据伊藤引理，将式（2.1）和式（2.6）代入，得到

$$\mathrm{d}Z = (F_P P\mu + \frac{1}{2}F_{PP}P^2\sigma_P^2 + \frac{1}{2}F_{GG}G^2\sigma_G^2)\mathrm{d}t + F_P P\sigma_P\mathrm{d}W_P + F_G G\sigma_G\mathrm{d}W_G \tag{8.41}$$

观察式（2.8），为了使方程可解，同时不影响模型的效果，根据随机过程可加原理，得到：

$$Z \equiv F(P, G) = PG \tag{8.42}$$

根据伊藤清对随机过程中可加过程的论述，前述 $P$ 和 $G$ 均符合标准维纳过程，属于独立增量过程，并且 $P$、$G$ 相互独立。因此，等式（8.42）成立，并且两个随机过程可以叠加。

因此，有：

$$\frac{\mathrm{d}Z}{Z} = \mu\mathrm{d}t + \sigma_P\mathrm{d}W_P + \sigma_G\mathrm{d}W_G \tag{8.43}$$

于是，新的随机变量 $Z$，与原油价格 $P$ 有相同的漂移率，但是波动率有所增加，变成：

$$\sigma_Z = \sqrt{\sigma_P^2 + \sigma_G^2} \tag{8.44}$$

## 三、模型的构建

### 1. 假设条件

由于现实经济问题的复杂性和多样性，为了运用数学模型更准确地描

述和解决问题，通常需要根据现实问题的特点和研究目标建立假设条件，并以此为基础展开演算推理。根据深水油气项目的特点，实物期权模型的基本假设为：

原油价格 $P$ 变动服从几何布朗运动，其便利收益是原油价格的函数；

地质、技术变量服从布朗运动；

存在一个已知并且恒定的投资收益率 $r$；

资产组合的复制成本可以忽略不计；

以变量 $Z$ 和时间 $t$ 为变量的期权价值函数 $V(Z, t)$ 至少二阶可微，可以运用伊藤引理；

由于油气开发合同周期很长，因此假设期权为永续的。

2. 模型的建立

运用无套利资产组合的思想构建模型，设定 $F(Z, \tau)$ 为在 $t$ 时刻买入的，到期时间是 $T$ 时刻的原油期货价格函数，其中，$\tau=T-t$。根据伊藤引理，得到期货的瞬时收益为：

$$dF=(-F_\tau+\frac{1}{2}F_{ZZ}\sigma^2Z^2)dt+F_ZdZ \qquad (8.45)$$

其中，$F_Z$ 和 $F_{ZZ}$ 是 $F$ 对 $Z$ 的一阶和二阶偏导。

又根据式（8.42）可以得到：

$$F_P=F_Z\cdot G, \ F_{PP}=F_{ZZ}\cdot G^2 \qquad (8.46)$$

因此，构造一个投资组合：买入一单位原油，卖出 $(F_P)^{-1}$ 单位同标的物的石油期货合约，期间无股利支付，根据等式（8.45）和式（8.46），该投资组合的投资收益率为：

$$\frac{dP}{P}+\frac{C(Z)dt}{P}-(PF_P)^{-1}dF=(PF_P)^{-1}[F_PC(Z)-\frac{1}{2}F_{PP}\sigma^2P^2+F_\tau]dt \qquad (8.47)$$

其中，$C(Z)$ 为便利收益率，在市场有效的无套利原则下，该投资组合的投资收益应该等于市场投资收益 $rdt$，整理得到偏微分方程：

$$\frac{1}{2}F_{PP}\sigma^2P^2+F_P(rP-C)-F_\tau=0 \qquad (8.48)$$

边界条件：

$$F(P, G, 0)=P \qquad (8.49)$$

由式（8.45）和式（8.48）及（8.43）可以得到：

$$dF=F_P[P(\mu-r)+C]dt+F_PP\sigma dz \qquad (8.50)$$

对于深海油气资源，由于其海上作业的特殊风险和工程投资的金额巨大，影响其价值的因素主要包括：地质－技术因素 $G$，累计投资 $I$，油价 $P$，时间 $t$。以 $V$ 表示油气资源的价值，又根据式（8.42），有：

$$V \equiv V(G, P, I, t)=V(Z, I, t) \qquad (8.51)$$

根据伊藤引理，式（8.51）展开为

$$dV=V_ZdZ+V_IdI+V_tdt+\frac{1}{2}V_{ZZ}(dZ)^2 \qquad (8.52)$$

令 q 为单位投资，$\lambda$ 为油井的所得税平均税率，$\gamma$ 为勘探成功概率，则石油项目单位时间的税后现金流为：

$$\gamma V-q-\lambda V \qquad (8.53)$$

为了得到油气资源价值的偏微分方程，再构建一个投资组合：买入一单位石油储量，卖出 $V_P/F_P$ 单位的石油期货合约。那么，该投资组合收益为：

$$dV+[\gamma V-q-\lambda V]dt-(V_P/F_P)dF$$

$$=\frac{1}{2}\sigma^2Z^2V_{ZZ}-qV_I+V_t+(rP-C)V_P+[\gamma V-q-\lambda V] \qquad (8.54)$$

根据无套利原则，该投资组合的收益等于市场投资收益 $rV$，又根据式（8.46）有：

$$\frac{1}{2}\sigma^2 Z^2 V_{ZZ} - qV_I + V_t + (rP-C)V_Z + q - (r+\lambda-\gamma)V = 0 \qquad (8.55)$$

将油气项目看成一个永续实物期权，项目生产时间 $t$ 为足够久。因为石油公司在开展一个生产项目的同时，也在同时寻找其他区块，考虑开采其他油气田，保证企业持续的利润流。那么，时间不再是变量，期权的价值只与油价和地质 – 技术不确定性有关，即 $V_t=0$。

定义 $V(Z, I)$ 为持续经营状态下的石油资产价值。那么，在价值最大化产出决策时项目的价值满足：

$$\frac{1}{2}V_{ZZ}Z^2\sigma_Z^2 + (rZ-C)V_Z + qV_I - q - (r+\lambda+\gamma)V = 0 \qquad (8.56)$$

边界条件：

$$V(0, I)=0$$
$$V_Z(0, I)=0 \qquad (8.57)$$
$$\lim_{Z \to \infty} V_{ZZ}(Z, I)=0$$

式（8.56）和式（8.57）共同构成了多因素不确定条件下的实物期权模型。该模型较难获得解析解，在应用中多采取数值模拟的方法解决。

## 四、变量模拟和参数分析

### 1. 变量的模拟

运用随机微分方程对油价 $P$、地质 – 技术因素 $G$ 的随机分布进行了描述，并求解方程，得到描述随机特征的几个关键值。同时对各个因素进行了合成研究，得到合成模型。为了更直观地显示模型的模拟效果，根据式

（8.33）至式（8.44），运用计算机模拟技术，对各个因素进行模拟分析。

根据模型，模拟油价，得到图8.8。

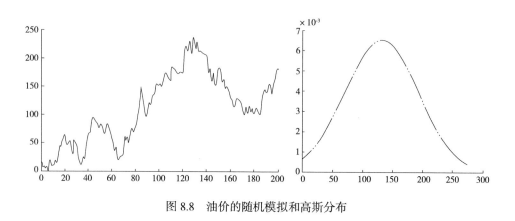

图 8.8　油价的随机模拟和高斯分布

为了对比分析，收集 WTI 近 10 年的油价数据，对其逐点描绘，得到图 8.9。

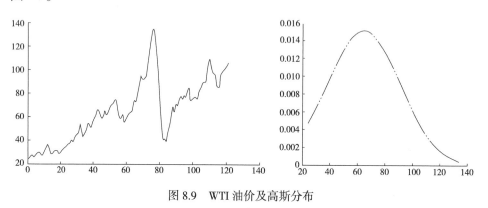

图 8.9　WTI 油价及高斯分布

对比图 8.8 和 8.9，发现在不考虑实际油价的突然上升或下跌的情况下，两图具有相似的随机过程特征。而现实油价的突然上升或下跌通常是由于突发的政治经济情况产生的，无法通过模型预测。因此，以上模型和相关随机特征值的求解方法，实现了反映油价波动特征的目的。同时，模型的基本形式符合维纳过程，在运用实物期权模型评估项目价值时，运用本模型评价油价的相关参数。

同样对地质–技术因素和合成模型进行模拟，如图8.10。

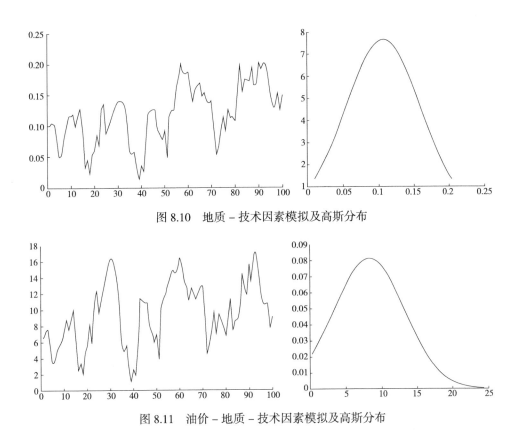

图 8.10　地质 – 技术因素模拟及高斯分布

图 8.11　油价 – 地质 – 技术因素模拟及高斯分布

图 8.10 至图 8.11 说明本书所构架的模型符合需求，可以作为相关参数计算的基础。同时，对比各个高斯分布图，在分别模拟和合成模拟的情况下，高斯分布的特征略有不同，这也证明了基于三因素的实物期权模型具有研究和应用价值。

2. 参数分析

深海油气勘探开发涉及多方利益，合同条款复杂，为了实现多因素实物期权模型的应用，并确保评价结果的准确，以及更准确地理解评价结果的意义，必须首先开展各因素的取值研究。

（1）未探明储量价值波动率。

考虑到资本利得对投资者收益的影响，储量价值波动率直接影响到投资者收益，是评价模型中的重要参数。一种常用的估算方法是收集储量价值的历史数据，并对其进行拟合评估。但是，在储量交易市场上，很多价格并不是公开的，不能获得拟合所需要的完整的数据。因此，需要寻求其他方法计算储量价值波动率。

当油气项目进入开发阶段后，项目价值只与原油价格相关，此时，对已开发储量价值估算时，一般根据 Gruy（1982）提出的理论，已开发储量价值可以通过油价波动率预测。同理，本书中所需的未探明储量价值波动率，也可以通过油价－地质技术变量的波动率预测。

另一种方法是通过单独求出油价波动率以及地质－技术波动率，按照式（8.44）给出的计算方法，求出未探明储量价值波动率。本书根据路环（2008）对长庆油田储量价值的研究成果，以油价－产量的联动波动率取值作为确定未探明储量价值波动率取值的研究基础。

（2）投资率及投资变化对价值影响。

深海油气勘探开发项目面对的不确定性因素很多，投资者可以根据地质、技术情况的变化作出扩张投资或缩减投资的决策，也可以根据市场油价的情况作出增加产量或缩减产量的决策，管理具有很大的弹性。但多数投资在不同程度上有相同特征，即部分或完全不可逆。投资的初始成本至少是部分沉没的，当改变投资决策时，不能完全收回投资的初始成本。对于勘探阶段的投资，一旦投入即成为沉没成本，无论是否能够探明可采储量，投资都不可能再收回，具有很强的不可逆性。

勘探投资率体现了投资者在该阶段的费用支出，是衡量石油公司收益，建立实物期权估值模型的重要组成部分。随着投资额的逐步增加，石油公司会获得更加确切的石油可采储量信息。一般情况下，得到的相关信息越多，项目价值越高。那么，可以合理假定，勘探投资与项目价值成正的线性相关关系——投资的不断增加，相对应地提升了项目价值。

（3）勘探成功率。

石油公司在不同地区以及同一地区的不同区块的勘探成功率都是不相同的，因为勘探成功率受油气资源分布地区、埋藏条件、储藏状况、流程设计以及开采设备影响。可根据地质、工程方面的信息测算，但是通常数据较难获得。另一种方法是，根据油气资产的区域、水深等因素选取经验数值。

（4）便利收益率。

便利收益在期权价值评估中是一个重要的参数，并且是一个很敏感的参数。Kaldor（1939）、Brennan（1958）、Telser（1958）提出便利收益是实物商品自然产生的增值收益流，这种增值收益流是实物商品持有者获得的，而非以实物商品为标的资产的衍生合约持有者。便利收益取决于持有存货的一方，当实物商品存货水平较低时，其现货价格相对较高，便利收益也相对较高；相反，当实物商品存货水平较高时，不只便利收益低，其现货价格也相对较低。Paddock，Siegel 和 Smith（1988）通过研究得出，对于油气资产，其已开发储量在某一时刻给所有者带来的回报由两部分组成，即来自生产销售获得的利润流及剩余储量增值而获得的资本收益。因此，定义便利收益率为：

$$C_t = \frac{\omega[\Pi_t - V_{bt}]}{V_{bt}} \tag{8.58}$$

其中，$\omega$ 为产量递减率，%；

$\Pi_t$ 为销售石油的税后利润；

$V_{bt}$ 为已开发储量每桶的价值。

（5）市场投资收益率。

可选择以现金流评价方法相同的投资收益率，也可根据投资区域资产的特征对这一数据进行调整。

## 五、案例分析

研究所选的油气资产为海外深海某一区块，符合多因素模型的特征。区块的合作采用产品分成合同。在项目投资前期，油价正处于上升阶段，价格并不高，并且勘探数据不完全，开发方案设计较保守，现金流评价结果较低，但该区块附近其他地区的在产油田质量较好。因此，该项目决策时并未完全参考现金流结果。

根据合同及分析计算，得到参数如表 8.6 所示。

表 8.6　估值参数

| | |
|---|---|
| 已开发储量市场价格 $V_b$（美元/桶） | 15.38 |
| 税后收益 $\Pi$（美元/桶） | 19.01 |
| 总成本 $D$（美元/桶） | 13.04 |
| 勘探成本 $E$（美元/桶） | 2.96 |
| 投资变化对项目价值影响 $X_l$ | 1.9 |
| 勘探成功率 $\gamma$ | 0.2 |
| 产量递减率 $\omega$（%） | 6.25 |
| 投资率 $q$（%） | 23.00 |
| 市场投资收益率 $r$（%） | 10.00 |
| 便利收益率 $C$（%） | 1.50 |

结合项目情况和评价要求，应用本节所建立的模型，依据概率论和数值分析方法，求勘探阶段项目价值的数值解。将确定下来的相关参数带入，在油价为 65 美元 / 桶，波动率为 0.18，地质 – 技术因素取值 0.1，波动率为 0.25 时，得到包含地质 – 技术不确定性在内情况下的油气项目价值为 13.53 美元 / 桶。若假设该项目的地质 – 技术取值较悲观，取值为 0.07 时，运用多因素模型重新评估，得到的结果为 6.48 美元 / 桶。

在以往的研究中，运用单因素实物期权模型也可以计算出由油价的不确定性所产生灵活性价值，为了更好地分析问题，本书运用实物期权方法和净现值方法对项目进行评价，评价结果如表 8.7 所示。

表 8.7　三种评价方法结果对比

| 净现值方法评价结果 | 单因素实物期权模型评价结果 | 多因素实物期权模型评价结果—地质技术成功率高 | 多因素实物期权模型评价结果—地质技术成功率低 |
|---|---|---|---|
| 5.76（美元 / 桶） | 7.38（美元 / 桶） | 13.53（美元 / 桶） | 6.48（美元 / 桶） |
| 与净现值方法差额百分比 | 28.13% | 135% | 12.5% |

分析评价结果，在本项目中，多因素实物期权模型能够更充分的评价项目的灵活性价值。与实际情况比较，该区块周边项目的地质条件出色，该项目在运行后也表现出巨大的潜力，所获得的实际收益比前期的评价结果高很多。

另一方面，在假设的低成功率的情况下，多因素实物期权模型的评价结果会比单因素模型保守。这也说明了，在相同的市场情况下，多因素实物期权能够反映出工程技术因素对项目灵活性价值的影响，评价结果与现实决策更加接近，而单因素模型仅关注油价对项目灵活性价值的影响，而忽略了地质、技术方面的影响。

第 **九** 章

# 考虑灵活性价值的激励机制设计

油气资产的灵活性价值通过对油气资产价值的影响而影响石油公司的投资决策，并改进资源国政府和石油公司之间的博弈及油气资源开发激励机制的设计。将实物期权估值模型引入油气资源开发机制设计模型，能够更直观的分析灵活性价值对油气合作双方博弈的影响和合作机制的激励效果。

## 第一节　基于期权博弈的机制设计模型

### 一、期权博弈对油气资源开发机制的影响

以现金流分析作为经济评价基础的石油公司决策研究，重点关注的是石油合同对于石油公司勘探开发决策的影响。基于期权博弈的石油公司决策分析，则是在研究财税制度的同时，也考虑灵活性价值。在具体分析时，就是在评估不同方案下项目的价值时，采取实物期权估值的方法，对项目进行评价。此时，石油公司在决策时所参考的数据就包含了三方面的信息：勘探开发方案、石油合同对收益的分配以及由油价波动所产生的灵活性价值。如图9.1所示。

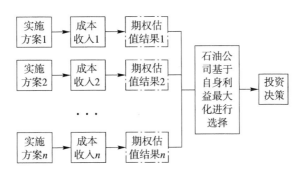

图 9.1 期权价值对于石油公司决策的影响

本书的第三章以油价的刚性假设为前提论证了资源国政府和石油公司之间在石油合作过程中的博弈关系，并以此为基础分析了石油合作中的委托 – 代理问题。研究实物期权价值对于石油合作中博弈关系的影响，则是分析委托 – 代理问题中的期权博弈的前提。

考虑期权价值的博弈关系更加复杂，合作双方在决策时不仅要考虑勘探开发方案和石油财税制度对于最终收益的影响，还需考虑油价的不确定性对各自收益的影响。在油气项目获得收益前，油价的不确定性影响着石油公司对未来期权价值的预期，并进一步影响其对勘探开发方案的决策。在油气项目获得收益后，油价的不确定性、石油合同、项目总收益共同决定合作双方的收益。图 9.2 对石油合作双方的期权博弈关系进行了详细的描述。

石油合作中委托 – 代理问题的研究是以资源国政府和石油公司之间的博弈关系为基础的，期权价值对合作双方的博弈具有显著影响，在分析委托 – 代理问题时也应受到重视。如图 9.3 所示，石油公司在时刻 1 基于合同进行收益评估，并选择能实现自身效用最大化的收益。是否考虑灵活性价值，会影响石油公司对未来收益的评估，也必然影响其投资决策，从而影响时刻 2 资源国政府可以获得的收益。

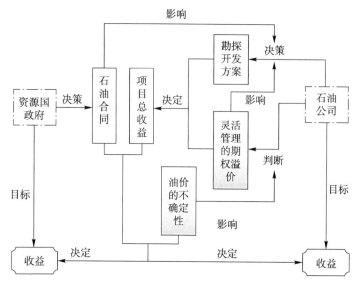

图 9.2　资源国政府和石油公司之间的期权博弈

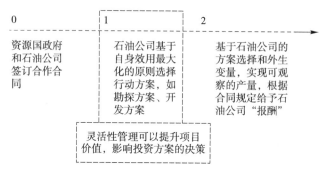

图 9.3　委托 – 代理问题中的期权博弈

## 二、模型的基本假设

基于期权博弈的委托 – 代理模型与一般的委托 – 代理模型的最大区别在于，期权博弈下的模型决策参考的是未来的灵活性价值，而不仅仅是净现值。这就使得在构建模型时，价值评估部分不应基于净现值方法开展模型研究，而是应该在实物期权估值方法的基础上进行模型的研究。所以，基于期权博弈的委托-代理模型，其假设条件的设置在第四章分析的基础上，考虑期权价值的需要，进行调整和增加。基于期权博弈的委托-代理模型，假设归纳如下：

（1）资源国政府和石油公司均符合理性人假设，即在石油合作中追寻自身效用最大化；

（2）效用最大化即利益最大化，在模型的构建和求解中通过收入反应；

（3）资源国为风险中性，石油公司为风险规避者；

（4）投资开始前，双方可获得相同的地质信息，并据此做出决策；

（5）油价初始值和波动率、储量均值和方差为事前信息；

（6）储量分布为油气生产的外生变量，其状态空间连续，且符合对数正态分布；

（7）油价分布为外生变量，连续且服从几何布朗运动，油价与储量相互独立；

（8）在机制分析过程中，石油公司的效用最大化通过灵活性价值最大化来反映，也就是在投资决策中，未来价值的评估，通过实物期权方法获得；

（9）无风险利率已知且恒定，成本可以预测，开采率保持稳定；

（10）以价格和时间为变量的期权价值函数至少二阶可微，因此，可以运用伊藤引理；

（11）由于油气开发合同周期很长，假设实物期权为永续的，因此在推导过程中可以忽略时间对期权价值的影响。

### 三、模型的构建

根据油气勘探实物期权特性和 Beliossi 等提出的评价方法，在进行灵活性价值分析时，运用以下模型评估包含勘探阶段的石油合作。

$$W = \frac{(\beta-1)^{(\beta-1)}}{\beta^\beta O_E^{\beta-1}} O_U^\beta \tag{9.1}$$

$$\beta = \frac{1}{2} + \frac{-(O_r - O_\delta)}{O_\sigma^2} + \sqrt{\left(\frac{O_r - O_\delta}{O_\sigma^2} - \frac{1}{2}\right)^2 + \frac{2O_r}{O_\sigma^2}} \tag{9.2}$$

其中, $W$ 为油气合作项目价值;

$O_r$ 为年税后无风险利率;

$O_U$ 为未开发储量价值;

$O_V$ 为已开发储量价值;

$O_E$ 为勘探成本;

$O_\delta$ 为便利收益率;

$O_\sigma$ 为储量价值波动率。

投资者持有油气资产获得的收益可以分为两部分:(1)生产销售获得的便利收益;(2)因所持有资产的增值而获得的资本利得。在计算中将便利收益率定义如下:

$$O_\delta = \frac{O_\gamma(O_P - O_V)}{O_V} \tag{9.3}$$

其中, $O_\gamma$ 为年产出率, $O_P$ 为税后经营收益, $O_V$ 为已开发储量价值。

因此, 在期权博弈的计算过程中, 便利收益率是反映石油合同对石油公司灵活性价值影响的重要因素, 必须根据合同仔细测算, 并在分析中根据产量的变化不断调整。

根据第四章的分析, 式(4.10)描述了石油合作中委托–代理问题的一般情况, 对于期权博弈也同样适用。结合式(4.10)和式(9.1), 将政府效用和石油公司效用分别用灵活性价值表示, 则基于期权博弈的委托–代理模型为:

$$\max_{a.s(a,\theta)} \int_0^{\overline{\theta}} W_{pro} \cdot \theta \cdot \varphi(a,\theta) \mathrm{d}\theta$$

s.t. （IR）    $$\int_0^{\overline{\theta}} W_{IOC} \cdot \theta \cdot \varphi(a,\theta) \mathrm{d}\theta \geqslant \overline{u}$$    （9.4）

（IC）    $$\int_0^{\overline{\theta}} W_{IOC} \cdot \theta \cdot \varphi(a,\theta) \mathrm{d}\theta \geqslant \int_0^{\overline{\theta}} W_{IOC} \cdot \theta \cdot \varphi(a',\theta) \mathrm{d}\theta, \forall a' \in A$$

其中，$W_{pro}$ 表示项目单位产量下的实物期权价值，$W_{IOC}$ 表示石油公司单位产量下获得的收益。则式（9.4）为基于期权博弈的委托 – 代理模型，其中 $W_{pro}$ 和 $W_{IOC}$ 可通过式（9.1）至式（9.3）求得。

# 第二节　参数分析

## 一、便利收益率

便利收益率是实物期权估值模型中的重要参数，也是机制设计模型中与合同条款相关联的重要参数，必须要根据式（9.3）的定义基于合同的详细条款进行估算。由于模型求解方法的复杂性，引入期权博弈的机制设计模型依然采用数值分析的方法开展模型的求解和应用。在分析运算时，便利收益率的值并不固定，而是随着产量、油价的变化而变化。实际上，这也反应了石油合同的特征，石油合同对于收益的分配正是随着产量和油价的变化而变化的。在本书的分析框架下，若将便利收益率的估算过程简化，与产量和油价脱钩，将其设置为一个固定值，则会导致引入期权博弈的机制设计研究失去意义。

## 二、储量价值波动率

考虑到资本利得对投资者收益的影响，储量价值波动率直接影响投资者收益，这也是评价模型中的重要参数。一种常用的估算方法是收集储量价值的历史数据，并对其进行拟合评估。但是，在储量交易市场上，很多价格并不是公开的，不能获得拟合所需的完整的数据。因此，需要寻求其他方法计算储量价值波动率。

在储量价值估算方面，Gruy 曾经推导出一个合理的关系，即单位储量价值接近当时油价的三分之一，这一结果得到广泛应用。由此，可以推导出，储量价值波动率可以通过油价波动率预测。

油价的波动率的测算在第八章进行了详细的研究，此处直接运用。

## 三、已开发储量价值

目前，全球油气储量交易活跃，可根据市场交易价格评估油气储量价值。但是，油气储量的位置、地质结构、油气资源的质量、当地政策法规都会影响油气储量的价值。在评估某油气资产价值时，可以参考国外商业资料中提供的全球储量交易数据，选取相似油气资产的储量交易价格作为评估价值。

另一方面，如果市场交易储量没有与所评估的油气资产相似的资源，则不能根据市场价格确定储量价值。这种情况下，可以根据 Gruy 的证明，以油价的三分之一作为储量价值进行评估。

为了使研究更具有参考性和可比性，其他与一般委托－代理模型中定义重合的变量，根据第四章的分析计算或选取。

# 第三节 模型的求解方法

引入期权博弈的机制设计模型在结构上比一般的机制设计模型更复杂，涉及的参数也更多，很难通过拉格朗日乘数法求解。沿用第四章的方法，运用数值分析方法求解。

在计算时，沿用第五章所选择的中国海上石油合作的产品分成合同及相关参数，灵活性估值涉及的参数和变量则根据第八章的分析估算。则在原始合同下，引入期权博弈的石油合作结果如图 9.4 所示。

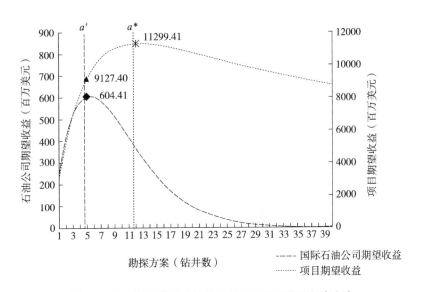

图 9.4 引入期权博弈时的最佳勘探方案和实际投资方案

根据图 9.4 所示，考虑到灵活性价值后，石油公司期望收益最大时对应的勘探方案为钻 5 口勘探井，如图中 $a'$ 所示。而整个项目的期望收益最大时对应的勘探方案为钻 12 口勘探井，如图 $a^*$ 所示。比较 $a'$ 和 $a^*$ 所对应的项目期望收益可得，在实际合同下，石油公司所选择的勘探方案将使项目的期望收益减少大约 20%。

根据第四章的分析，对模型的求解，就是通过数值模拟不断调整各项税收比例，使石油公司期望收益曲线不断右移，达到 $a^*$ 的位置。中国海上石油合作包含国际石油公司、国家石油公司、资源国政府三方，且国家石油公司不承担勘探风险，在项目进入开发阶段后参股与国际石油公司共同开发，并获得分成。这一特殊结构使得引入期权博弈的机制设计模型也无法实现最优解。基于数值分析，求得的一个次优解如图 9.5 所示。

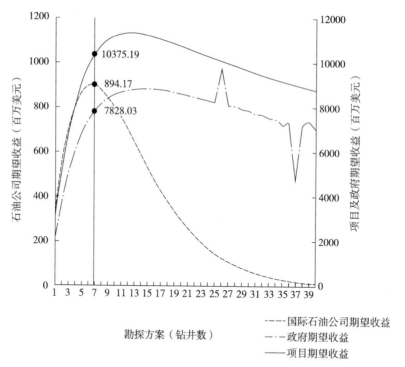

图 9.5　引入期权博弈后产品分成合同的最佳解曲线

通过模拟分析，模型的一个次优解为矿区使用费全免，所得税比例调整为 34%。新的税收比例使原始合同的激励效果有了明显的提高，也在一定程度上提升了资源国的收益，如表9.1所示。通过模型的设计，在调整后的收入分配方案下，政府的期望收益增加了6%。

表9.1　实际合同和设计合同的比较

| 合同类型 | 勘探方案（井数） | 外方石油公司期望收益（百万美元） | 政府期望收益（百万美元） | 项目期望收益（百万美元） |
|---|---|---|---|---|
| 原始合同 | 5 | 604.41 | 7380.33 | 9127.40 |
| 设计合同 | 7 | 894.17 | 7828.03 | 10375.19 |

# 第四节　基于期权博弈的油气资源开发机制分析

## 一、包含期权价值的油气资源开发机制分析

基于期权博弈的财税机制分析，参照第五章的分析范式，首先在期权博弈的机制设计模型下计算出表5.1至表5.3所列示的内容，然后提取观测变量，最后在不同参数指标下作图进行对比分析。图9.6至图9.9列示了不

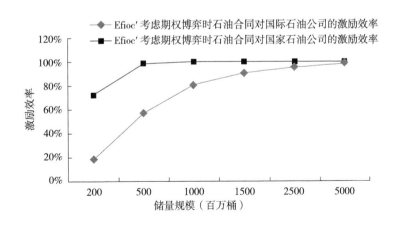

图9.6　激励效率随储量规模变化（CF=0.2）

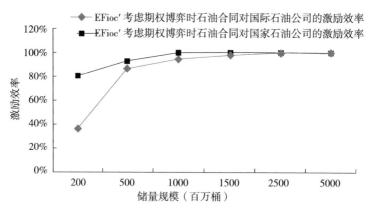

图 9.7 激励效率随储量规模变化（CF=0.4）

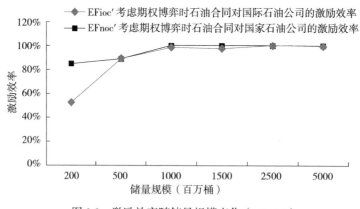

图 9.8 激励效率随储量规模变化（CF=0.6）

同发现可能性下基于期权博弈的石油财税激励机制特征和政府期望收益偏移率随储量规模变化的情况。

图 9.6 表明，期望储量越高时国际石油公司选择的勘探开发方案与最佳勘探方案越接近，财税制度的激励效果越好。这也说明若考虑石油公司灵活管理的价值，则储量越高时，越能体现灵活管理的价值，越能激励石油公司增加勘探开发投资，以获得更大的探明储量。而比较 EFnoc' 和 EFioc' 则可以看出，在考虑期权博弈时，当前的油气资源开发机制依然对国家石油公司更具激励效果。结合第五章的分析，无论是否考虑灵活性价值对石

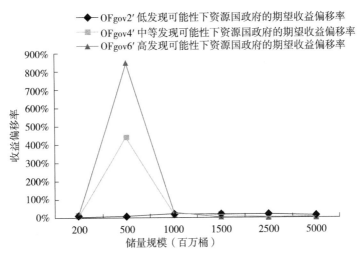

图 9.9　期权博弈下偏移率的变化

油合作的影响，勘探风险对石油公司投资方案的选择都具有重要作用，因此在石油合作机制设计和改进时应给予充分的重视。

比较图 9.6 至图 9.8 可得，随着发现可能性的增加，当前的石油合作机制在考虑期权价值时对国际石油公司的激励效果逐渐变好，在达到高发现可能性时，激励机制对国家石油公司和国际石油公司的激励效果已经非常接近。而综合储量规模和发现可能性的影响，随着二者的增加，石油合作激励机制的效果表现出明显的增强的趋势，特别是当二者的值都较高时，石油合同对于国家石油公司和国际石油公司的激励效率非常接近。结合实物期权理论，储量越大，发现可能性越大，灵活性管理越容易实现，灵活性价值越高。虽然勘探风险仍然完全由国际石油公司承担，但灵活性管理可以在石油公司在已有的合作框架下主动规避风险。在机制设计时，为国际石油公司提供可以规避风险的灵活性政策，可以作为改进激励机制的一种思路。

图 9.9 中，政府收益的偏移率虽然在储量中等期望规模时有所增加，但总体的偏移率都在 18% 以内，属于比较低的水平，这说明在期权博弈规

则下，财税激励机制对政府收益的保障是恰当的。

综合分析图 9.6 至图 9.9 可得，考虑石油合作中的期权博弈时，外界情况越有利于灵活性价值的实现，则当前的石油合同对石油公司的激励效果越明显，而对资源国政府的保障机制没有明显的影响。这说明，合理的灵活性制度，也是改进激励机制的一个方法。

## 二、优惠政策在期权博弈下对油气资源开发机制的影响

下面通过比较税收优惠下财税机制的特征与原始合同的机制特征，分析在考虑期权博弈时，税收优惠政策对于石油财税激励机制的影响。CF=0.2 是地质学家在设计和分析勘探开方案时使用频率较高的数据，所以以下的对比分析以 CF=0.2 为基础，不考虑发现可能性更大的情况。

1. 成本回收前固定比例税收优惠的影响

在期权博弈规则下，重新计算成本回收前固定比例税收优惠对石油合作机制的影响。如图 9.10 至图 9.11 所示。

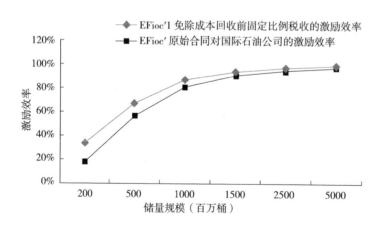

图 9.10　成本回收前固定比例税收对石油公司激励的影响（CF=0.2）

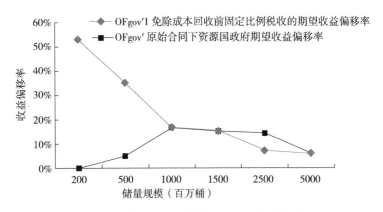

图 9.11 　成本回收前固定比例税收对政府收益的影响（CF=0.2）

图 9.10 至图 9.11 表明，在期权博弈规则下，成本回收前固定比例税收优惠对石油公司的激励机制有所改进，但效果不明显，而对资源国政府利益的保障机制则有明显的影响。调整后，在较低的期望储量规模时对政府收益的保障效果变差。

2. 成本回收前滑动比例税收优惠的影响

在期权博弈规则下，重新对比成本回收前滑动比例税收优惠对财税激励机制的影响。如图 9.12 至图 9.13 所示。

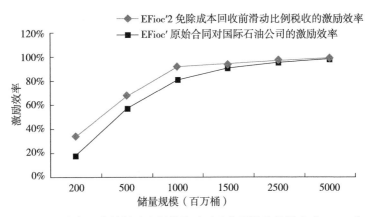

图 9.12 　成本回收前滑动比例税收对石油公司激励的影响（CF=0.2）

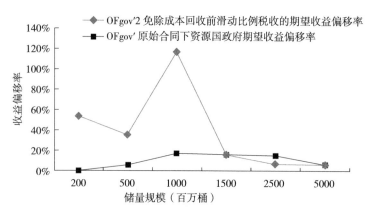

图 9.13　成本回收前滑动比例税收对政府收益的影响（CF=0.2）

图 9.12 至图 9.13 表明，在期权博弈规则下，成本回收前滑动比例税收优惠对石油公司的激励机制有所改进，但效果不明显，而对资源国政府利益的保障机制则有明显的影响。调整后，在较低的期望储量规模时对政府收益的保障效果变差。

3. 成本回收后固定比例税收优惠的影响

在期权博弈规则下，重新对比成本回收后固定比例税收优惠对财税激励机制的影响。如图 9.14 至图 9.15 所示。

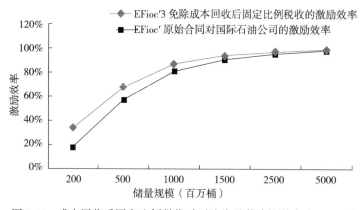

图 9.14　成本回收后固定比例税收对石油公司激励的影响（CF=0.2）

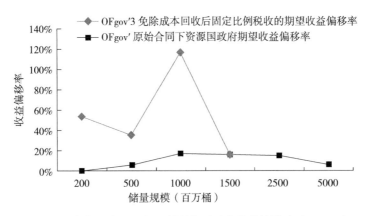

图 9.15　成本回收后固定比例税收对政府收益的影响（CF=0.2）

图 9.14 至图 9.15 表明，在期权博弈规则下，成本回收后固定比例税收优惠对石油公司的激励机制有所改进，但效果不明显，而对资源国政府利益的保障机制则有明显的影响。调整后，在较低的期望储量规模时对政府收益的保障效果变差。

### 4. 产品分成优惠的影响

在期权博弈规则下，重新对比产品分成优惠对财税激励机制的影响。如图 9.16 至图 9.17 所示。

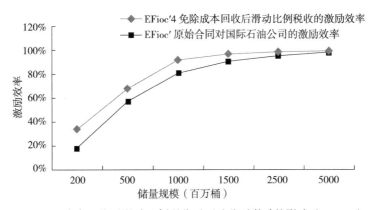

图 9.16　成本回收后滑动比例税收对石油公司激励的影响（CF=0.2）

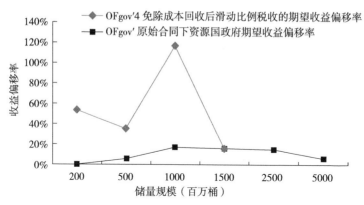

图 9.17　成本回收后滑动比例税收对政府收益的影响（CF=0.2）

图 9.16 至图 9.17 分析表明优惠政策的实施对石油公司的激励机制具有一定的改善效果，但并不明显。然而对资源国政府收益的保障机制则变差。这说明，若考虑到石油公司未来可能获得的灵活性价值，则相对严苛的财税制度并不影响石油公司勘探开发方案的选择。

# 第五节　不同模型下的机制特征比较分析

是否考虑灵活性价值，对石油公司的勘探开发决策必然产生影响，但石油财税制度的激励机制在两种情况下的表现需要进一步比较分析，如图 9.18 至图 9.19 所示。

根据图 9.18 可得，引入期权博弈的石油合作机制分析，表现出来的激励效果更好。曲线 EFioc' 比曲线 EFioc 平滑，说明考虑到灵活性价值时，石油合同激励机制的表现更为平稳，在较低储量时能实现一定的激励效果，在较高的储量时也没有过分激励。这也体现了国际石油公司作为风险承担者，具有规避风险的属性。在合作机制设计时应考虑到为石油公司规避风

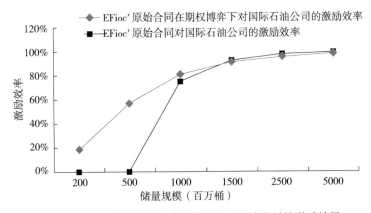

图 9.18　石油财税机制在两种模型下对石油公司的激励效果

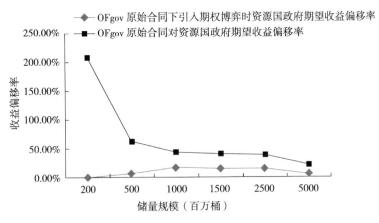

图 9.19　石油财税机制在两种模型下对政府收益的保障

险提供一定的选择空间，才能更好地促进石油合作。

图 9.19 表明，引入期权博弈分析后，资源国政府的期望收益偏移率显著下降。这说明，若石油公司能够根据市场行情和油价波动实际情况充分进行灵活性决策，及时调整生产策略，不仅能更好的体现自身价值，也能更好地实现项目价值。在已经确定的油气合作条款下，若项目价值提升，一般情况下也会使得资源国政府的利益提升。

综合分析图 9.18 至图 9.19 可得，灵活性价值对于石油合作机制的分析具有显著影响，考虑到灵活性价值后，石油合同对国际石油公司的激励效果和对资源国政府期望收益的保障都明显变好。这说明，国际石油公司作为代理人，是否能够根据现实情况灵活决策，对实现项目价值具有重要影响。进行机制设计时，在对石油公司进行约束的同时，更应充分考虑石油公司决策的选择空间，使石油公司在作业过程中更好地实现合作双方的利益。

第  章

# 结 论

本章从油气资源开发的激励机制、缔约机制、期权博弈等方面总结研究成果，探讨新形势下理论和实践的未来发展。

## 一、基于委托－代理问题的激励机制设计是实现矿权体制改革目标的必要方法

当前我国油气资源开发制度和政策主要表现出规制和引导的特征，面向产业和企业的激励效果尚不显著。政府主要通过相关法规、政策及合作双方签署的合同规制石油公司行为，保障本国利益。尽管制度和合同条款越来越详细，但激励效果并不理想，一个重要的原因是，石油合作中存在显著的委托－代理问题，若不考虑储量的不确定性和石油公司的投资生产决策，很难实现政策目标与实践效果的统一。我国正在使用的产品分成合同，虽然在油气资源开发活动开始前对最低工作量、税收、未来的收益分配等方面进行了详细的规定，但本书基于契约理论的分析表明，石油公司在合同规定下实现自身收益最大化的投资决策与项目整体达到价值最大化时的投资之间存在较大差异，合同规则不能有效激励石油公司投资，难以实现油气资源的最优生产规模。

制定合作规则的过程中普遍采用的基于财税指标的静态分析方法未考虑合作双方的博弈关系，分析结论不能为政策改革提供明确有效的参考。面向石油合作和石油合同财税表征指标的研究成果丰富，但主要是针对各项指标的技术分析或统计分析，不能形成指导改革的直接结论。本书对我国某海上石油合作合同的分析表明，税收、分成油等比例的优惠不是激励石油公司增加投资、实现油气资源最优开发的充分条件。当考虑石油公司的决策时，如果不能设计合适的规则使石油公司收益最大与油气资源最优开发时的投资方案相同，则降低税费等优惠政策，将仅能实现石油公司收益的增加，不能实现资源国政府收益增高或油气资源最优开发的目标。

基于契约理论分析油气资源开发过程中的博弈关系，改进油气资源开发的合作模式，是激励石油公司充分投资、提升油气资源开发效率和政府效用的有效方式。根据对原始合同的分析，当前的中国海上石油合作机制在低储量和低勘探发现可能性下，对石油公司的激励效果不显著，预期产量过低时，合作往往不能成功。与之对应的，此时对资源国政府期望收益的保障也不理想。这体现出已有的机制设计更关注储量大时对资源国政府利益的保障，而忽略了储量小、风险大时需要足够的激励措施，以促使石油合作能够成功。根据对税收优惠政策的分析，不同税收优惠对石油公司的激励效果差异很大。成本回收前滑动比例的税收优惠可以有效提高对石油公司的激励效率，并提升对资源国政府收益的保障，这也说明勘探成本的回收对石油公司决策具有重要影响。成本回收后滑动比例税收的优惠对提高激励效率有一定的效果，对资源国政府收益的保障机制没有明显影响。成本回收前和成本回收后的固定比例税收优惠都对激励机制没有明显影响，但使得对政府收益的保障机制在不同程度上变差。

油气资源开发激励机制的设计和选择需要考虑资源禀赋、所处的生产阶段等因素。综合比较研究中所选的三个国家的资源特征与石油合作机制特征，发现财税体系在对石油公司的激励和对政府收益的保障方面表现不同，在分析和选择石油合同时应充分考虑产油国的资源禀赋、技术可获得性及资本丰裕程度。根据对三种不同的石油合作合同的比较分析发现，产品分成合同灵活性较高，不论是勘探项目还是开发项目，产品分成制对石油公司的激励都高于服务制和矿税制。但是在政府收益的保障方面，产品分成合同更适合中低产量和中高风险的情况，而服务合同则在低风险的开发项目中对政府收益的保障最佳。矿税合同适合资源禀赋较好的勘探项目。通过比较研究，资源禀赋低的项目更应关注激励机制的设计，资源禀赋高的项目更应关注对政府收益比例的设计。

## 二、缔约机制的设计与实践是引导油气资源配置和实现长期激励的最直接环节

合理的缔约机制可以有效降低信息租金，促成石油合作，提升合作效率，更好实现油气资源价值。资源国政府和石油公司通过双方协商的方式确定是否开展石油合作，明确合作细则，协商过程中的博弈体现了各方对自身效用最大化的争取和对油气资源未来价值的判断。协商方式主要包括双边议价、拍卖等，无论采用哪种方式，目标都是激励石油公司参与合作，并且实现油气资源的最优勘探开发。契约理论为缔约机制的设计提供了理论基础，有效的缔约机制可以为拟参与石油合作的各方提供一个博弈环境，激励各方在协商过程中诚实报价，在油气资源开发过程中实现自身效用最大和资源开发最优。但目前关于石油合作缔约机制的设计，仅根据表征指标形成了部分经验结论，资源国政府仍在实践中不断探索和改进缔约机制。基于契约理论和机制设计方法，对缔约阶段各参与方间的博弈关系和影响

博弈的核心因素进行推演和归纳，是改进合同效果、更好激励石油公司投资的关键。

石油合作过程中的委托－代理问题是设计和选择缔约机制时的必要考量。在缔约阶段确定的石油合作规则对石油公司的未来收益具有显著影响，石油公司在此框架下作出的决策，以自身效用最大化为导向，并且对油气资源开发效率和政府收益具有显著影响。由于委托－代理问题的存在，不考虑未来石油公司投资生产决策的石油合作机制设计，很有可能导致石油公司自身效用最大化的目标和油气资源开发效率最大化的目标二者背道而驰。因此，缔约机制不仅在缔约阶段对促成石油合作具于重要影响，更通过在缔约阶段所确定的石油合作规则对未来的油气资源生产具有重要作用。考虑委托－代理问题的缔约机制，才能创造出更加有效率的博弈协商环境。

通过拍卖机制开展政府和石油公司间的协商是将基于契约理论的研究成果引入石油合作实践的一种途径。油气资源开发是包含了较多不确定性因素的长期而复杂的过程，基于契约理论分析石油合作过程中政府和石油公司间的博弈关系、计算契约环境下各方收益、设计双方协商的博弈规则等工作是复杂且耗时的过程，很难在实践中推广。Milgrom 对于拍卖设计的研究为简化计算、将理论成果应用于实践提供了一种思路。油气资源开发是最早尝试运用拍卖方式解决资源配置的领域之一，主要目标是通过拍卖引入竞争，提升资源配置效率和资源开发效率。但由于拍卖理论本身尚未完善，以及委托－代理问题的复杂性，早期的实践效果并不理想。将理论上关于委托－代理问题和反谋略直言机制的最新研究成果运用于油气资源拍卖实践，为进一步优化石油合作机制提供了空间。

我国油气资源拍卖机制可以参照动态时钟拍卖方式设计。根据 Milgrom

的论证，动态时钟拍卖方式不仅具有维克瑞拍卖的反谋略直言机制特征，而且更容易实践，拍卖规则更容易理解。结合价格递增和价格递减拍卖的特征，对于资源禀赋、技术可获得性等基础条件较好的油气资源，能吸引较多的石油公司参与竞争，应采用税率递增的动态时钟拍卖方式，将滑动比例税收锁定为能够实现最优激励的最大值，逐渐调增对激励效果影响不大的固定比例税收，尽量争取政府收益，直至只剩下唯一的石油公司"在场"。对于基础条件一般，吸引力不足的油气资源，应采用价格递减的动态时钟拍卖方式，优先调整滑动比例税收，从能够实现最优激励的最大值开始，逐渐调减，直至有公司愿意参与石油合作。通过动态时钟拍卖方式，可选出效率最高的石油公司，并激励石油公司进行项目价值最大化的勘探生产决策。

## 三、油价的不确定性影响项目价值并进一步影响激励机制的设计

油价的不确定性对于合作双方的决策和判断都具有一定的影响，引入期权博弈的改进模型和以此为基础对石油合作机制的分析结果都与不考虑期权价值时有所区别。本书论证了期权博弈在石油合作委托－代理问题中的作用，基于契约理论和实物期权估值理论构建了包含期权博弈的机制设计模型，并运用数值分析方法求解。根据求解结果，考虑期权博弈的石油合作机制仍然具有较大的改进空间，但考虑到灵活性价值后，石油合作机制的改进难度增加。运用改进模型分析中国的产品分成合同，并与一般模型下的结果进行了比较后发现，灵活性管理可以在一定程度上抵消勘探风险对于石油公司决策的影响，在机制设计时应关注对石油公司决策灵活性的激励。而期权博弈下的税收优惠政策分析则说明，由于石油公司基于现

实情况的灵活性管理，优惠政策对激励机制的改进效果并不明显，但是却明显降低了对资源国政府收益的保障。这更进一步证明，基本的机制设计的合理性对石油合作具有更重要的影响，税收优惠仅应作为辅助方法开展。

# 参考文献

[1]    bp Statistical Review of World Energy 2021. bp.com/statisticalreview.

[2]    王震，孔盈皓，李伟 . "碳中和"背景下中国天然气产业发展综述 . 天然气工业，2021，41（08）：194–202.

[3]    王才良 . 世界石油工业史上的国有化和私有化 . 国际石油经济，2009（9）：71–74.

[4]    伊科诺米迪斯 M，奥里戈尼 R. 石油的颜色 . 苏晓宇，译 . 北京：华夏出版社，2010.

[5]    耶金 D. 石油风云 . 上海：上海译文出版社，1992.

[6]    胡文瑞，鲍敬伟，胡滨 . 全球油气勘探进展与趋势 . 石油勘探与开发，2013，40（4）：409–413.

[7]    邹才能，张光亚，陶士振，等 . 全球油气勘探领域地质特征 . 石油勘探与开发，2010，37（2）：129–144.

[8]    Salanie B. 合同经济学 . 费方域，张肖虎，郑育家，译 . 上海：上海财经大学出版社，2008.

[9]    Bolton P, Dewatripont M. 合同理论 . 费方域，蒋士成，郑育，译 . 上海：格致出版社，2008.

[10]   Rogerson W. The First–Order approach to Principal–Agent problems. Econometrica, 1985, 53: 1357–1367.

[11]   Grossman S, Hart O. An analysis of the Principal–Agent problem. Econometrica,

1983, 51: 7–45.

[12]  Holmstrom B. Moral hazard in teams. Bell Journal of Economics, 1982, 13(2): 324–340.

[13]  Holmstrom B. Moral hazard and observability. Bell Journal of Economics, 1979, 10(1): 74–91.

[14]  Green J, Stokey N. A comparison of tournaments and contracts. Journal of Political Economy, 1983, 91: 349–364.

[15]  Bernheim D, Whiston M. Common agency. Econometrica, 1986, 54: 923–942.

[16]  Helpman E, Dixit A, Grossman G. Common agency and coordination: general theory and application to government policy making. Journal of Political Economy, 1997, 105: 752–769.

[17]  Martimort D. Exclusive dealing, common agency and Multi–principals incentive theory. Rand Journal of Economics, 1996, 27: 1–31.

[18]  Holmstrom B, Milgrom P. Mutlitask Principal–Agent analyses: incentive contracts, asset ownership, and job design. Journal of Law, Economics, and Organization, 1991, 57: 25–52.

[19]  Dewatripont M, Maskin E. Contract renegotiation in models of asymmetric information. European Economic Review, 1990, 34: 311–321.

[20]  Fudenberg D, Holmstrom B, Milgrom P. Short–term Contracts and Long–term Agency Relationships. Journal of Economic Theory, 1990, 51: 1–31.

[21]  Fudenberg D, Tirole J. Moral hazard and renegotiation in agency contracts. Econometrica, 1990, 58: 1279–1320.

[22]  Holmstrom B, Milgrom P. Aggregation and linearity in the provision of intertemporal incentives. Econometrica, 1987, 55: 597–619.

[23]  Laffont J, Tirole J. The dynamics of incentive contracts. Econometrica, 1988, 59: 1735–1754.

[24]  Mas–Colell A, Whinston D M, Green R J. 微观经济理论. 上海：上海财经大学出版社，2005.

[25]  Myerson R, Satterthwaite M. Efficient mechanisms for bilateral trade. Journal of

Economic Theory, 1983, 29: 265–281.

[26] Harris M, Ravia A. The capital budgeting process: incentives and information. Journal of Finance, 1996, 51: 1139–1174.

[27] Laffont J, Tirole J. Using cost observation to regulate firms. Journal of Political Economy, 1986, 94: 614–641.

[28] Mailath G, Postlewaite A. Asymmetric information bargaining problems with many agents. Review of Economic Studies, 1990, 57: 351–367.

[29] Vickrey W. Counterspeculation, Auctions, and Competitive Sealed Tenders. The Journal of Finance, 1961, 16(1): 8–37.

[30] Demsetz H. Why Regulate Utilities? The Journal of Law & Economics ,1968, 11(1): 55–65.

[31] Williamson E. Franchise Bidding for Natural Monopolies–in General and with Respect to CATV. The Bell Journal of Economics, 1976, 7(1): 73–104.

[32] Wilson R. A Bidding Model of Perfect Competition. The Review of Economic Studies, 1977, 44(3): 511– 518.

[33] Milgrom P. A Convergence Theorem for Competitive Bidding with Differential Information. Econometrica, 1979, 47(3): 679–688.

[34] Wilson R. Auctions of Shares. The Quarterly Journal of Economics ,1979, 93(4): 675–689.

[35] Myerson R. Optimal Auction Design. Mathematics of Operations Research, 1981, 6(1): 58–73.

[36] Milgrom P. Rational Expectations, Information Acquisition, and Competitive Bidding. Econometrica, 1981, 49(4): 921–943.

[37] Milgrom R, Weber R. A Theory of Auctions and Competitive Bidding. Econometrica, 1982, 50(5): 1089–1122.

[38] Kelso A, Crawford V. Job Matching, Coalition Formation, and Gross Substitutes. Econometrica, 1982, 50(6): 1483–1504.

[39] McAfee R, McMillan J. Auctions and Bidding. Journal of Economic Literature, 1987, 25(2): 699–738.

[40] Woods, D. Decision Making under Uncertainty in Heirarchial Organizations. dissertation. Harvard Business School, Boston, 1965.

[41] Wilson R. Competitive Bidding with Asymmetric Information. Management Science, 1967, 13(11–A): 816–820.

[42] Mead W. Natural Resource Disposal Policy: Oral Auction Versus Sealed Bids. Natural Resources. 1967, 7(2): 195–224.

[43] Capen E, Clapp R, Campbell W. Competitive Bidding in High–Risk Situations. Journal of Petroleum Technology. 1971, 23(6): 641–53.

[44] Mead W, Moseidjord A, Sorenson P. Competitive Bidding Under Asymmetrical Information: Behavior and Performance in Gulf of Mexico Drainage Lease Sales 1959– 1969. Review of Economics & Statistics. 1984, 66(3): 505–08.

[45] Milgrom P. 价格的发现——复杂约束市场中的拍卖设计. 韩朝华，译. 北京：中信出版集团，2020.

[46] Hampson P. A case study in the design of an optimal production sharing rule for a petroleum exploration venture. Journal of Financial Economics, 1991, 30: 45–67.

[47] Osmundsen P. Risk sharing and incentives in Norwegian petroleum extraction. Energy Policy, 1999, 27: 549–555.

[48] Osmundsen P, Aven T, Vinnem E J. Safety, economic incentives and insurance in the Norwegian petroleum industry. Reliability Engineering and System Safety, 2008, 93: 137–143.

[49] Osmundsen P, Sørenes T, Toft A. Offshore oil service contracts new incentive schemes to promote drilling efficiency. Journal of Petroleum Science and Engineering, 2010, 72: 220–228.

[50] Osmundsen P, Sørenes T, Toft A. Drilling contracts and incentives. Energy Policy, 2008, 36: 3138–3144.

[51] Osmundsen P, Roll H K, Tveterås R. Exploration drilling productivity at the Norwegian shelf. Journal of Petroleum Science and Engineering, 2010, 73: 122–128.

[52] Abdo H. Investigating the effectiveness of different forms of mineral resources governance in meeting the objectives of the UK petroleum fiscal regime. Energy

Policy, 2014, 65: 48–56.

[53] Berends K. Engineering and construction projects for oil and gas processing facilities: Contracting, uncertainty and the economics of information. Energy Policy, 2007, 35: 4260–4270.

[54] Kaiser J M. Fiscal system analysis—concessionary systems. Energy, 2007, 32: 2135–2147.

[55] Kashani A H. A problem of incentive compatibility in the North Sea petroleum industry. Energy Policy, 2006, 34: 1032–1045.

[56] Sund A K. Dynamic resource allocation with self–Interested agents in the upstream oil & gas iindustry. Journal of Operations and Supply Chain Management, 2010, 3(1): 78–97.

[57] Ghandi A, Lin C C. Do Iran's buy–back service contracts Lead to optimal production? The case of Soroosh and Nowrooz. Energy Policy, 2012, 42: 181–190.

[58] Feng Z, Zhang S, Gao Y. On oil investment and production: A comparison of production sharing contracts and buyback contracts. Energy Economics, 2014, 42: 395–402.

[59] Smith L J. A parsimonious model of tax avoidance and distortions in petroleum exploration and development. Energy Economics, 2014, 43: 140–157.

[60] Gilley O, Karels G. The Competitive Effect in Bonus Bidding: New Evidence. The Bell Journal of Economics. 1981, 12(2): 637–48.

[61] Nordt P D. A study of straegies for oil and gas auctions:[dissertation]. College Station: Texas A&M University, 2009.

[62] Myers C S. Determinants of corporate borrowing. Journal of Financial Economics, 1977, 5(2): 147–175.

[63] Brennan J , Schwartz S. Evaluating natural resource investments. The Journal of Business, 1985, 103(3): 479–508.

[64] Paddock L J, Seigel R D, Smith L J. Option valuation of claims on real assets: the case of offshore petroleum. The Quarterly Journal of Economics, 1988, 103(3): 479–508.

[65] Dixit K A, Pinkyck S R. Investment under uncertainty. Princeton: Princeton

University Press, 1994: 19–50.

[66] Dias A M. Valuation of exploration and production assets: an overview of real options models. Journal of Petroleum Science and Engineering, 2004, 44: 93–114.

[67] 王震，赵东.实物期权理论在油气勘探开发决策中的应用.生产力研究，2008（2）：57–58.

[68] Grenadier R S, Wang N. Investment timing, agency, and information. Journal of Financial Economics, 2005, 75: 493–533.

[69] Nishihara M, Shibata T. The agency problem between the owner and the manager in real investment: The bonus–audit relationship. Operations Research Letters, 2008, 36: 291–296.

[70] Morelle C E, Schuthoff N. Corporate investment and financing under asymmetric information. Journal of financial economics, 2011, 99: 262–288.

[71] Lukas E, Welling A. On the investment–uncertainty relationship: A game theoretic real option approach. Finance Research Letters, 2014, 11: 25–35.

[72] Lukas E, Reuer J J, Welling A. Earnouts in mergers and acquisitions: A game-theoretic option pricing approach. European Journal of Operational Research, 2012, 223: 256–263.

[73] Azevedo A, Paxson D. Developing real option game models. European Journal of Operational Research, 2014, 237(3): 909–920.

[74] 安瑛晖，张维.期权博弈理论的方法模型分析与发展.管理科学学报，2001, 4(1): 38–43.

[75] Kemp G A, Stephen L. Price, cost and exploration sensitivities of prospective activity levels in the UKCS: an application of the Monte Carlo technique. Energy Policy, 1999, 27: 801–810.

[76] Murphy F, Oliveira S. Pricing option contracts on the strategic petroleum reserve. Energy Economics, 2013, 40: 242–250.

[77] 张耀龙.基于期权博弈理论的石油企业海外项目投资策略研究:（博士学位论文）.天津：天津大学，2012.

[78] Morellec E, Zhdanov A. The dynamics of mergers and acquisitions. Journal of

Financial Economics, 2005, 77: 649–672.

[79] Grenadier R, Wang N. Investment under uncertainty and time-inconsistent preferences. Journal of Financial Economics, 2007, 84: 2–39.

[80] Fudenberg D, Tirole J. 博弈论. 黄涛，郭凯，等译. 北京：中国人民大学出版社，2010.

[81] 张维迎. 博弈论与信息经济学. 上海：格致出版社，2004.

[82] Laffont J, Tirole J. 政府采购与规制中的激励理论. 石磊，王永钦，译. 上海：格致出版社，2014.

[83] Brousseau E, Glachant J. 契约经济学：理论和应用. 王秋石，李国民，等译. 北京：中国人民大学出版社，2011.

[84] 法国石油与发动机工程师学院经济与管理中心. 油气勘探与生产——储量、成本及合约. 吕鹏，李素真，译. 北京：石油工业出版社，2014.

[85] 阳正熙，高德政，严冰. 矿产资源勘查学. 2 版. 北京：科学出版社，2011.

[86] 赵红兵，王风华，谭滨田，等. 勘探技术. 北京：石油工业出版社，2013.

[87] 罗斯 R P. 油气勘探项目的风险分析与管理. 窦立荣，译. 北京：石油工业出版社，2002.

[88] Clapp R, Stibolt R. Useful measures of exploration performance. Journal of Petroleum Technology, 1991(10): 1252–1257.

[89] 雷先科 B. 油田开发设计. 肖守清，译. 北京：石油工业出版社，1993.

[90] Greenbaum A, Chartier T. 数值方法：设计、分析和算法实现. 吴兆金，王国英，等译. 北京：机械工业出版社，2016.

[91] 张德丰. Matlab 数值分析与应用. 2 版. 北京：国防工业出版社，2009.

[92] 喻文键. 数值分析与算法. 北京：清华大学出版社，2012.

[93] 曹镇潮. 微积分. 北京：北京大学出版社，2009.

[94] Beliossi G. Option pricing of an oil company // Financial Management Association Conference. New Orleans, 1996.

[95] 宋艺，仇鑫华. 实物期权方法在海外海上油气资产并购决策中的应用. 中国海上油气，2014（4）：45–55.

[96] Qiu X, Wang Z, Xue Q. Investment in deepwater oil and gas exploration projects: A

multi-factor analysis with a real options model // Annual International Real Options Conference. Bogota, 2014.

[97]  Sick G. Chapter 21 Real options. Handbooks in Operations Research & Management Science, 1995, 9(05): 631-691.

[98]  尚永庆，王震，陈冬月. Hull-White 模型和二叉树模型在预测油价及油价波动风险上的应用. 系统工程理论与实践. 2012，32（9）：1996-2002.

[99]  梁琳琳. 国际油价波动跳跃性特征的实证分析. 数理统计与管理. 2011，30（3）：388-395.

[100]  张文，王珏，部慧，等. 基于时差相关多变量模型的金融危机前后国际原油价格影响因素分析. 系统工程理论与实践. 2012，32（6）：1166-1174.

[101]  Schwartz, E. The Stochastic behavior of commodity prices: implications for valuation and hedging[J]. Journal of Finance, 1997, 52 (3): 923-973.

[102]  Meade N. Oil prices — Brownian motion or mean reversion? A study using a one year aheaddensity forecast criterion[J]. Energy Economics, 2010, 32: 1485-1498

[103]  Killian L. Not all price shocks are alike: Disentangling demand and supply shocks in the previous termcrude oilnext term market. American Economic Review. 2009, 99: 1053-1069.

[104]  Albert R, Albert L. Statistical mechanics of complex networks. Reviews of modern physics. 2002, 74: 48-97.

[105]  Newman E. The Structure and Function of Complex Networks. SIAM REVIEW. 2003, 45: 167-256.

[106]  Strogatz H. Exploring complex networks. Nature. 2001, 410: 268-276.

[107]  伊藤清. 随机过程. 北京：人民邮电出版社，2010.

[108]  Gruy H, Garb F, Wood, J. Determining the value of oil and gas in the ground. World Oil. 1982,194(4): 105-106,108.

[109]  陆环. 基于实物期权价值的长庆局油气田风险作业项目投资决策研究. 西安：西安理工大学，2008.

[110]  赵林. 国际石油合作财税体系模拟及经济学分析. 北京：中国石油大学，2010.